高等学校智能科学与技术/人工智能专业教材

机器学习实践

李轩涯 计湘婷 曹焯然 编著

清华大学出版社
北京

内容简介

本书围绕数据、算法、模型三要素，研究选取不同算法从历史数据中获取经验，并归纳出模型进行预测与优化的系列理论与技术，是涉及计算机科学、概率统计、决策论等多个学科的交叉领域。本书应用开源深度学习框架 PaddlePaddle，从按照问题定义、数据收集、特征工程、模型训练、模型评估、模型应用的步骤，循序渐进、深入浅出地剖析机器学习中极具代表性的实践，理论翔实，代码精细，是一本实用性极强的入门实践教材。

图书在版编目(CIP)数据

机器学习实践/李轩涯，计湘婷，曹焯然编著. —北京：清华大学出版社，2021.12(2023.3重印)
高等学校智能科学与技术.人工智能专业教材
ISBN 978-7-302-59747-6

Ⅰ.①机… Ⅱ.①李… ②计… ③曹… Ⅲ.①机器学习－高等学校－教材 Ⅳ.①TP181

中国版本图书馆 CIP 数据核字(2021)第 274213 号

责任编辑：贾 斌
封面设计：常雪影
责任校对：徐俊伟
责任印制：朱雨萌

出版发行：清华大学出版社
网　　址：http://www.tup.com.cn，http://www.wqbook.com
地　　址：北京清华大学学研大厦 A 座　　**邮　　编**：100084
社 总 机：010-83470000　　**邮　　购**：010-62786544
投稿与读者服务：010-62776969，c-service@tup.tsinghua.edu.cn
质量反馈：010-62772015，zhiliang@tup.tsinghua.edu.cn
课件下载：http://www.tup.com.cn，010-83470236
印 装 者：三河市铭诚印务有限公司
经　　销：全国新华书店
开　　本：185mm×260mm　　**印　　张**：12.5　　**字　　数**：305 千字
版　　次：2022 年 1 月第 1 版　　**印　　次**：2023 年 3 月第 6 次印刷
印　　数：11501～14500
定　　价：59.00 元

产品编号：096231-01

高等学校智能科学与技术/人工智能专业教材

编审委员会

出版说明

当今时代，以互联网、云计算、大数据、物联网、新一代器件、超级计算机等，特别是新一代人工智能为代表的信息技术飞速发展，正深刻地影响着我们的工作、学习与生活。

随着人工智能成为引领新一轮科技革命和产业变革的战略性技术，世界主要发达国家纷纷制定了人工智能国家发展计划。2017 年 7 月，国务院正式发布《新一代人工智能发展规划》(以下简称《规划》)，将人工智能技术与产业的发展上升为国家重大发展战略。《规划》要求“牢牢把握人工智能发展的重大历史机遇，带动国家竞争力整体跃升和跨越式发展”，提出要“开展跨学科探索性研究”，并强调“完善人工智能领域学科布局，设立人工智能专业，推动人工智能领域一级学科建设”。

为贯彻落实《规划》，2018 年 4 月，教育部印发了《高等学校人工智能创新行动计划》，强调了“优化高校人工智能领域科技创新体系，完善人工智能领域人才培养体系”的重点任务，提出高校要不断推动人工智能与实体经济(产业)深度融合，鼓励建立人工智能学院/研究院，开展高层次人才培养。早在 2004 年，北京大学就率先设立了智能科学与技术本科专业。为了加快人工智能高层次人才培养，教育部又于 2018 年增设了“人工智能”本科专业。2020 年 2 月，教育部、国家发展改革委、财政部联合印发了《关于“双一流”建设高校促进学科融合，加快人工智能领域研究生培养的若干意见》的通知，提出依托“双一流”建设，深化人工智能内涵，构建基础理论人才与“人工智能＋X”复合型人才并重的培养体系，探索深度融合的学科建设和人才培养新模式，着力提升人工智能领域研究生培养水平，为我国抢占世界科技前沿，实现引领性原创成果的重大突破提供更加充分的人才支撑。至今，全国共有超过 400 所高校获批智能科学与技术或人工智能本科专业，我国正在建立人工智能类本科和研究生层次人才培养体系。

教材建设是人才培养体系工作的重要基础环节。近年来，为了满足智能专业的人才培养和教学需要，国内一些学者或高校教师在总结科研和教学成果的基础上编写了一系列教材，其中有些教材已成为该专业必选的优秀教材，在一定程度上缓解了专业人才培养对教材的需求，如由南京大学周志华教授编写、我社出版的《机器学习》就是其中的佼佼者。同时，我们应该看到，目前市场上的教材还不能完全满足智能专业的教学需要，突出的问题主要表现在内容比较陈旧，不能反映理论前沿、技术热点和产业应用与趋势等；缺乏系统性，基础教材多、专业教材少，理论教材多、技术或实践教材少。

为了满足智能专业人才培养和教学需要，编写反映最新理论与技术且系统化、系列化的教材势在必行。早在 2013 年，北京邮电大学钟义信教授就受邀担任第一届“高等学校智能科学与技术/人工智能专业教材编委会"主任,组织和指导教材的编写工作。2019年,第二届编委会成立,清华大学陆建华院士受邀担任编委会主任,全国各省市开设智能科学与技术/人工智能专业的院系负责人担任编委会成员,在第一届编委会的工作基础上继续开展工作。

编委会认真研讨了国内外高等院校智能科学与技术/人工智能专业的教学体系和课程设置,制定了编委会工作简章、编写规则和注意事项,规划了核心课程和自选课程。经过编委会全体委员及专家的推荐和审定,本套丛书的作者应运而生,他们大多是在本专业领域有深厚造诣的骨干教师,同时从事一线教学工作,有丰富的教学经验和功底。

本套教材是我社针对智能科学与技术/人工智能专业策划的第一套系列教材,遵循以下编写原则:

(1) 智能科学技术/人工智能既具有十分深刻的基础科学特性(智能科学),又具有极其广泛的应用技术特性(智能技术)。因此,本专业教材面向理科或工科,鼓励理工融通。

(2) 处理好本学科与其他学科的共生关系。要考虑智能科学与技术/人工智能与计算机、自动控制、电子信息等相关学科的关系问题,考虑把"互联网+"与智能科学联系起来,体现新理念和新内容。

(3) 处理好国外和国内的关系。在教材的内容、案例、实验等方面,除了体现国外先进的研究成果,一定要体现我国科研人员在智能领域的创新和成果,优先出版具有自己特色的教材。

(4) 处理好理论学习与技能培养的关系。对理科学生,注重对思维方式的培养;对工科学生,注重对实践能力的培养。各有侧重。鼓励各校根据本校的智能专业特色编写教材。

(5) 根据新时代教学和学习的需要,在纸质教材的基础上融合多种形式的教学辅助材料。鼓励包括纸质教材、微课视频、案例库、试题库等教学资源的多形态、多媒质、多层次的立体化教材建设。

(6) 鉴于智能专业的特点和学科建设需求,鼓励高校教师联合编写,促进优质教材共建共享。鼓励校企合作教材编写,加速产学研深度融合。

本套教材具有以下出版特色:

(1) 体系结构完整,内容具有开放性和先进性,结构合理。

(2) 除满足智能科学与技术/人工智能专业的教学要求外,还能够满足计算机、自动化等相关专业对智能领域课程的教材需求。

(3) 既引进国外优秀教材,也鼓励我国作者编写原创教材,内容丰富,特点突出。

(4) 既有理论类教材,也有实践类教材,注重理论与实践相结合。

(5) 根据学科建设和教学需要,优先出版多媒体、融媒体的新形态教材。

(6) 紧跟科学技术的新发展,及时更新版本。

为了保证出版质量,满足教学需要,我们坚持成熟一本,出版一本的出版原则。在每本书的编写过程中,除作者积累的大量素材,还力求将智能科学与技术/人工智能领域的

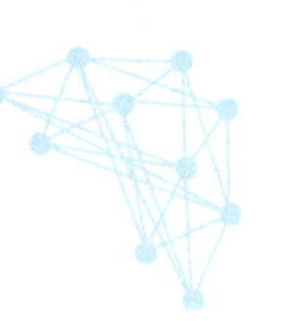

最新成果和成熟经验反映到教材中，本专业专家学者也反复提出宝贵意见和建议，进行审核定稿，以提高本套丛书的含金量。热切期望广大教师和科研工作者加入我们的队伍，并欢迎广大读者对本系列教材提出宝贵意见，以便我们不断改进策划、组织、编写与出版工作，为我国智能科学与技术/人工智能专业人才的培养做出更多的贡献。

我们的联系方式是：

联系人：贾斌

联系电话：010-83470193

电子邮件：jiab@tup.tsinghua.edu.cn。

清华大学出版社

2020 年夏

总　序

以智慧地球、智能驾驶、智慧城市为代表的人工智能技术与应用迎来了新的发展热潮，世界主要发达国家和我国都制定了人工智能国家发展计划，人工智能现已成为世界科技竞争新的制高点。另一方面，智能科技/人工智能的发展也面临新的挑战，首先是其理论基础有待进一步夯实，其次是其技术体系有待进一步完善。抓基础、抓教材、抓人才，稳妥推进智能科技的发展，已成为教育界、科技界的广泛共识。我国高校也积极行动、快速响应，陆续开设了智能科学与技术、人工智能、大数据等专业方向。截至2020年底，全国共有超过400所高校获批智能科学与技术或人工智能本科专业，面向人工智能的本、硕、博人才培养体系正在形成。

教材乃基础之基础。2013年10月，"高等学校智能科学与技术/人工智能专业教材"第一届编委会成立。编委会在深入分析我国智能科学与技术专业的教学计划和课程设置的基础上，重点规划了《机器智能》等核心课程教材。南京大学、西安电子科技大学、西安交通大学等高校陆续出版了人工智能专业教育培养体系、本科专业知识体系与课程设置等专著，为相关高校开展全方位、立体化的智能科技人才培养起到了示范作用。

2019年10月，第二届（本届）编委会成立。在第一届编委会教材规划工作的基础上，编委会通过对斯坦福大学、麻省理工学院、加州大学伯克利分校、卡内基·梅隆大学、牛津大学、剑桥大学、东京大学等国外高校和国内相关高校人工智能相关的课程和教材的跟踪调研，进一步丰富和完善了本套专业教材。同时，本届编委会继续推进专业知识结构和课程体系的研究及教材的出版工作，期望编写出更具创新性和专业性的系列教材。

智能科学技术正处在迅速发展和不断创新的阶段，其综合性和交叉性特征鲜明，因而其人才培养宜分层次、分类型，且要与时俱进。本套教材既注重学科的交叉融合，又兼顾不同学校、不同类型人才培养的需要，既有强化理论基础的，也有强化应用实践的。编委会为此将系列教材分为基础理论、实验实践和创新应用三大类，并按照课程体系将其分为数学与物理基础课程、计算机与电子信息基础课程、专业基础课程、专业实验课程、专业选修课程和"智能+"课程。该规划得到了相关专业的院校骨干教师的共识和积极响应，不少教师/学者也开始组织编写各具特色的专业课程教材。

编委会希望，本套教材的编写，在取材范围上要符合人才培养定位和课程要求，体现学科交叉融合；在内容上要强调体系性、开放性和前瞻性，并注重理论和实践的结合；在章节安排上要遵循知识体系逻辑及其认知规律；在叙述方式上要能激发读者兴趣，引导读者积极思考；在文字风格上要规范严谨，语言格调要力求亲和、清新、简练。

编委会相信，通过广大教师/学者的共同努力，编写好本套专业教材，可以更好地满足高等学校智能科学与技术/人工智能专业的教学需要，更高质量地培养智能科技专门人才。饮水思源。在高等学校智能科学与技术/人工智能专业教材陆续出版之际，我们对为此做出贡献的有关单位、学术团体、老师/专家表示崇高的敬意和衷心的感谢。

感谢中国人工智能学会及其教育工作委员会对推动设立我国高校智能科学与技术本科专业所做的积极努力；感谢清华大学、北京大学、南京大学、西安电子科技大学、北京邮电大学、南开大学等高校，以及华为、百度、腾讯等企业为发展智能科学与技术/人工智能专业所做的实实在在的贡献。

特别感谢清华大学出版社对本系列教材的编辑、出版、发行给予高度重视和大力支持。清华大学出版社主动与中国人工智能学会教育工作委员会开展合作，并组织和支持了本套专业教材的策划、编审委员会的组建和日常工作。

编委会真诚希望，本套教材的出版不仅对我国高等学校智能科学与技术/人工智能专业的学科建设和人才培养发挥积极的作用，还将对世界智能科学与技术的研究与教育做出积极的贡献。

另一方面，由于编委会对智能科学与技术的认识、认知的局限，本套教材难免存在错误和不足，恳切希望广大读者对本套教材存在的问题提出意见建议，帮助我们不断改进，不断完善。

高等学校智能科学与技术/人工智能专业教材编委会主任

陆建华

2020 年 12 月

序　一

人工智能快速发展的浪潮进一步加剧了全球范围内的科技和人才竞争。加快新一代人工智能发展不仅是关乎我国能否抓住新一轮科技和产业变革机遇的战略问题，更是我们赢得全球科技竞争主动权的重要战略抓手。究其根本，科技的竞争归根到底是人才的竞争，培养大批高素质的人工智能产业专业人才，已成为我国教育领域的重大任务。

当前，我国重视拓展深化人工智能应用和人才培养的决心前所未有。2017 年教育部发布的《新一代人工智能发展规划》中明确提出要完善人工智能领域学科布局，实施全民智能教育项目；2018 年《教育信息化 2.0 行动计划》强调通过大数据采集与分析，将人工智能切实融入实践教学环境中；2019 年中央深化改革委员会明确提出要“促进人工智能和实体经济深度融合”，要求不断探索人工智能创新成果应用转化的路径和方法；2020 年，各地方陆续推出人工智能实践应用平台和项目，推动人工智能在各个领域的协同创新实践。要高效、高质量地实现上述目标，建立健全人工智能生态体系，大力发展人工智能教育是必由之路。

人工智能的初心是“用机器模拟人的意识和思维”，包括专家系统、机器学习、进化计算、计算机视觉、自然语言处理、推荐系统等，都是目前人工智能的研究内容。2001 年华纳兄弟拍摄的未来派科幻电影《人工智能》，讲述 21 世纪中期一个小机器人为了缩短机器人和人类的差距而奋斗的故事，时隔 20 年后的今天，电影中对未来科技的期待正在逐渐变为现实。使机器更“智能”的重要方法和途径就是机器学习。与传统的为解决某个特定任务硬编码的软件程序不同，机器学习是通过大量数据来进行训练，用算法来解析数据、从中学习，再对真实世界中的事件作出决策和预测。

不具有学习能力的智能系统很难称得上是一个真正的智能系统，以往的所谓“智能系统”普遍缺少学习能力，遇到错误无法自我校正、无法通过经验改善自身的性能，它们的推理仅限于演绎而缺少归纳和类比。随着人工智能的深入发展，这些局限表现得愈加突出。正是在这种情形下，机器学习逐渐成为人工智能研究的核心之一。

在国家有关政策的推动下，我国人工智能人才培养的规模不断扩大，人工智能教育的实践应用成为备受关注的问题。近年来，以百度为“头雁”的中国人工智能平台型公司迅速发展，凭借飞桨（PaddlePaddle）开源平台，百度成为继谷歌、Meta、IBM 后第四家将 AI 技术开源的公司。作为我国首个开源开放、功能完备的产业级深度学习平台，飞桨目前支持 140＋个产业及开源算法，累计开发者 230 万，服务企业 9 万家，基于飞桨开源的深度学习平台产生了 31 万个模型，在城市、工业、电力、通信等很多关乎国计民生的领域都有飞桨在发挥作用。本教材的内容基于飞桨强大丰富的开发案例，以实践应用场景更直观、具象地呈现机器学习相关知识体系，非常适合人工智能学习者阅读学习和应用实践。

该教材丰富了我国人工智能教材资源，弥补了教材课程实践的不足，使人工智能人才培养理论学习与实践应用更紧密地结合，必将为中国人工智能人才培养做出贡献。

赵沁平

中国工程院院士、北京航空航天大学教授

序　二

AI时代,我们需要怎样的人工智能高等教育？这几年,大家可能已有这样一种感受：不知不觉中,人工智能已席卷我们身边的每一个角落,大到社会经济发展与产业升级,小到一个人的衣食住行,都能看到其汹涌澎湃的力量。2018 年,麦肯锡全球研究院的一项模拟显示,到 2030 年大约 70%的公司将采用至少一种人工智能；同时人工智能可能带来 13 万亿美元的额外全球经济活动,其对经济增长的贡献与引进蒸汽机等其他变革性技术不相上下。

今天,借助机器学习等人工智能技术,工厂里的机器能自动识别产品瑕疵,农田中的智能系统能精准估算农药的使用量、银行系统的智能客服 24 小时不间断地为客户答疑解惑,电商平台更加精准地为客户推荐着他们可能喜欢的商品。而将技术从实验室带进现实,使其在各行各业真正创造价值,离不开一群"技术信徒"的勇气与智慧。人才,特别是既有深厚理论知识又有丰富实践经验、相信技术能够改变世界的人才,在这个时代显得尤为重要。

作为我国人工智能发展的后备军,高校学子一直凝聚着社会各界的目光。因此,如何做好人工智能的高等教育,让这些未来"技术信徒"兼具专业知识与实践能力成为了产学界普遍关心的议题。而产业界将自己的技术、产业实践优势反哺高校人才培养,将开启 AI 人才培养的"加速度"。

教材乃教育基础之基础。由于人工智能等智能科学技术具有综合性和交叉性的特点,在教材编写上,更要符合人才培养定位和课程要求,体现学科交叉融合,同时还要强调体系性、开放性和前瞻性,并注重理论和实践的结合。

机器学习作为人工智能的一个重要子集,是学术与产业界的热门话题。业界普遍认为,机器学习的处理系统和算法主要是通过找出数据里隐藏的模式进而做出预测的识别模式。而深度学习则是机器学习的子集,它使得机器学习能够实现众多应用,是当今人工智能大爆炸的核心驱动。在过去的几年里,包括深度学习在内的机器学习改变了整个人工智能的发展,在金融、自动驾驶、医疗、零售和制造业等行业产生了重要影响。

本教材由清华大学出版社与百度联合出版,百度在深度学习方面起步比较早、落地广泛,2013 年成立了全球第一家专注于深度学习研究的内部机构——百度深度学习研究院。2016 年开源了国内首个自主可控、开源开放、功能完备的产业级深度学习平台飞桨,逐渐得到国内开发者普遍使用,目前开发者数量超过 265 万。本教材基于飞桨丰富的开发案例,以真实的应用场景、用户需求、落地难点更直观具象地呈现机器学习的知识体系,非常适合学习者反复阅读研究,并可帮助其充分掌握技术内核和实战技能。

加快推进人工智能落地,推进校企合作是必不可少的一步。希望本教材的出版能带动高校人工智能学科建设与人才培养进一步发展,打造产教融合示范典型,未来在一批批新"技术信徒"的推动下,看到更多人工智能从设想到现实,从实验室到亿万用户的春华秋实。

郑纬民

中国工程院院士、清华大学教授

序　三

作为引领新一轮科技革命和产业变革的战略性技术，人工智能快速发展，呈现标准化、自动化和模块化的工业大生产特征，与各行各业深入融合，推动经济、社会和人们的生产生活向智能化转变。在新的发展阶段，我国提出创新驱动发展战略，努力实现高水平科技自立自强。在新发展理念指引下，加快发展新一代人工智能、把科技竞争的主动权牢牢掌握在我们自己手里。一方面，增强原始创新能力，取得关键核心技术的颠覆性突破；另一方面，围绕经济社会发展需求，强化科技应用的创新能力，推进人工智能技术产业化，形成科技创新和产业应用互相促进的良性循环。

新发展阶段呼唤新型人才。我们需要既掌握人工智能技术，又具有行业洞察和产业实践经验的复合型人才。以制造业为例，产业需要的人才，是在熟悉人工智能技术的基础上，能够深入理解制造业各细分场景的生产特点、流程、工艺和运营方式等，将技术更好地与产业融合，提出创新、高效、落地性强的解决方案。技术只有切实解决了产业痛点，才能带动产业的智能化升级。

培养既有技术素养，又有产业经验的复合型人才，需要产学研各方通力合作，充分发挥各自优势。近年来高校陆续开设人工智能专业，加大人工智能人才培养力度，同时与产业界的合作也越来越紧密，共同研发面向产业真实需求的技术和应用。产学研协同创新的环境为复合型人才培养提供了肥沃的土壤和宽广的实践空间。本套教材在阐述理论知识的同时，实践应用部分采用飞桨深度学习开源开放平台，通过大量实践案例，通俗易懂讲解理论知识，帮助读者快速入门；通过真实案例的实操验证，帮助读者检验对相关知识点的理解和掌握。

培养复合型人才，既是当前的时势使然，更是主动把握未来，赢得长远发展的先手棋。希望伴随着数字化、智能化的浪潮，本教材能够帮助越来越多的读者、从业者成为加速数字经济发展、实现我国高水平科技自立自强的中坚力量。

王海峰

百度首席技术官

前言

FOREWORD

近年来，人工智能行业的快速发展得到了社会各界的广泛关注，我国政府在《新一代人工智能发展规划》提出“到 2030 年，使中国成为世界主要人工智能创新中心”。与此同时，我国多所高校也陆续成立人工智能专业。2018 年 35 所高校获教育部批准首批开设人工智能本科专业，2019、2020 年新增人工智能专业的高校分别有 180 所、130 所。然而，在人工智能行业高速发展的大背景下，AI 人才仍然显得“供血不足”。

从当前的人才需求趋势来看，由于人工智能技术与业务落地实践结合非常紧密，行业亟需大量既懂理论又懂实践的应用型 AI 人才。作为人才培养的重要基地，我国高校人工智能人才培养目前还面临师资较少、经费不足、实践机会缺失等现实问题，导致目前高校培养的人才仍以学科型、研究型为主。关于行业需求量较大的应用型人才如何培养尚不明确，难以满足人工智能行业的深度需求。

为帮助更多人工智能爱好者了解产业需求，本书应用百度开源深度学习框架百度飞桨(PaddlePaddle)，通过大量机器学习实践案例，辅以理论知识讲解，帮助读者快速入门，理解核心知识点。并通过由浅入深的真实案例操作，对相关知识进行全面实战检验。同时，按照数据建模步骤，从问题定义、数据收集、特征工程、模型训练、模型评估、模型应用方面，层层深入、循序渐进地剖析机器学习中极具代表性的实践。本书兼具理论与实战，既能作为高等院校计算机、信息技术等相关专业的高年级本科生或研究生的实践教材或参考书，也可供从事人工智能领域研究的相关人员参考，是一本实用性极强的入门实践教材。

本书涵盖了大量源自百度飞桨平台的实践案例。作为我国首个自主研发、功能丰富、开源开放的产业级深度学习平台，百度飞桨已凝聚来自于各行各业的 370 万开发者，创建 42.5 万个 AI 模型，累计服务 14 万企事业单位，覆盖工业、能源、金融、农业、医疗、城市管理等众多应用场景。作者从百度飞桨中挑选了大量适合初学者学习的案例素材，以期通过真实的产业界实战练习，帮助读者更好地理解、应用相关知识点，完成从理论到实践的进阶，成为真正符合市场需求的应用型人工智能人才。

人工智能行业的发展离不开人才培养，应用型人才的培养离不开实践学习。希望本书的出现，可以帮助更多人工智能爱好者通过真实案例更深刻地理解理论知识，并在日后将书中所学应用到产业实践中，共同推动我国人工智能发展走向新高峰。

编　者

2021 年 11 月

目 录 CONTENTS

机器学习实践

第1章　Python基础实践

Python是一种面向对象的脚本语言，使用时无须编译，因此也称作解释性语言，其结构简单，语法规则明确，关键词定义较少，非常适合初学者。

Python拥有丰富的内置库函数，对于处理网络、文件、GUI、数据库、文本等十分便捷，同时支持大量第三方库，比如最常用的用于科学计算的Numpy、SciPy等库，为科研工作者提供了非常简洁、高效的开发平台。Python作为当下最流行的语言之一，有着易于维护、跨平台移植、可嵌入等独特优势，使其在人工智能领域备受推崇。

实践一：海量文件遍历

在现实场景中，通常需要处理大量的数据，这些数据通常以文件的形式存储于文件系统中，比如，在处理计算机视觉领域的计算任务时，每张图片都是一个单独的文件。对海量数据文件进行空间占用、类型等分析十分必要，可以加深对数据的了解，进而在处理数据时合理分配资源。

“海量”文件遍历旨在对文件夹下的大规模数据进行数据类型及占用存储空间的统计。本次实验平台为百度AI Studio，该平台是基于百度深度学习平台飞桨的人工智能学习与实训社区，提供在线编程环境、免费GPU算力、海量开源算法和开放数据，帮助开发者快速创建和部署模型。本次实验环境为Python 3.7。下面介绍如何通过Python编程方式实现“海量”文件的遍历。

步骤1：数据准备

为模拟“海量”文件，首先需要准备一个包含有大规模文件的数据包，然后在该数据包上进行后续处理。为方便演示，本书使用计算机视觉领域中开源的网络数据集：斑马线检测数据集及昆虫数据集，进行后续实验，执行!*tree-L2 ./data/*命令，可以展示两数据集解压在平台工作空间的位置：

```
./data/
├── data19638
│   └── insects.zip                    # 昆虫数据集
└── data55217
    └── Zebra.zip                      # 斑马线检测数据集
```

引用的数据集为压缩包格式（*.zip），因此需要将其解压至当前的工作空间中，为实现自动解压，提供解压函数unzip_data(src_path, target_path)，参数为待解压文件与将要解压到的文件夹名称，调用定义好的解压函数，分别将两个数据集进行解压：

```
import zipfile
# 定义解压函数
def unzip_data(src_path,target_path):
  # 将 src_path 路径下的 zip 包解压至 target_path 目录下
  If not os.path.isdir(target_path):
    z = zipfile.ZipFile(src_path, 'r')
    z.extractall(path=target_path)
    z.close()
# 调用解压函数
unzip_data('data/data19638/insects.zip','data/data19638/insects')
unzip_data('data/data55217/Zebra.zip','data/data55217/Zebra')
```

解压后的目录结构为(由于空间限制，未列出更加详细的下级目录内容)：

```
./data/
├── data19638
│   ├── insects
│   │   └── insects
│   └── insects.zip
└── data55217
    ├── Zebra
    │   ├── others
    │   └── zebra crossing
    └── Zebra.zip
```

步骤 2：实现“海量”文件的类型与存储空间统计

步骤 1 中已经准备好“海量”的图片文件，下面实现通过给定目录，统计所有的不同子文件类型及占用存储空间的大小。为了实现代码的可复用及模块化，首先，定义一个专门用于实现类型与存储空间统计的函数，其中，os.path.join()函数将参数拼接为路径格式，os.path.isdir()函数判断一个路径是否为文件夹，os.path.isfile()函数判断路径是否为文件，os.path.getsize()函数返回路径占用空间大小：

```
# 定义全局变量
size_dict = {}                    # 记录各类型数据占用存储空间大小
type_dict = {}                    # 记录各类型数据的数量
def get_size_type(path):
  files = os.listdir(path)
  for filename in files:
    temp_path = os.path.join(path, filename)
    if os.path.isdir(temp_path):
      # 递归调用函数，实现深度文件名解析
      get_size_type(temp_path)
    elif os.path.isfile(temp_path):
      # 获取文件后缀
      type_name=os.path.splitext(temp_path)[1]
      # 无后缀名的文件
```

```
    if not type_name:
      type_dict.setdefault("None", 0)
      type_dict["None"] += 1
      size_dict.setdefault("None", 0)
      size_dict["None"] += os.path.getsize(temp_path)
    # 有后缀名的文件
    else:
      type_dict.setdefault(type_name, 0)
      type_dict[type_name] += 1
      size_dict.setdefault(type_name, 0)
      # 获取文件大小
      size_dict[type_name] += os.path.getsize(temp_path)
```

调用上述函数实现，对步骤 1 中的文件进行统计：

```
path= "data/"
get_size_type(path)
for each_type in type_dict.keys():
print ("%5s下共有【%5s】的文件【%4d】个,占用内存【%6.2f】MB" %
        (path,each_type,type_dict[each_type],\
        size_dict[each_type]/(1024*1024)))
print("总文件数:【%d】"%(sum(type_dict.values())))
print("总内存大小:【%.2f】GB"%(sum(size_dict.values())/(1024**3)))
# ------------------------ 输出如图 1-1 所示 ------------------------
```

```
data/下共有【 .png】的文件【  442】个,占用内存【   1.88】MB
data/下共有【 .zip】的文件【    2】个,占用内存【1182.19】MB
data/下共有【.jpeg】的文件【 2183】个,占用内存【1216.01】MB
data/下共有【 .xml】的文件【 1938】个,占用内存【   3.25】MB
总文件数:     【4565】
总内存大小:【2.35】GB
```

图 1-1　海量文件遍历输出

至此，我们已经实现了如何动手编写一个 Python 小程序，统计路径下文件的类型及其占用空间的大小，这是一个非常实用的小技巧，可以帮助研究者快速实现文件的信息统计，对处理这些文件数据所需的资源进行合理规划和调配。

实践二：简单计算器实现

使用 Python 实现输入表达式计算，并返回计算结果，主要思路如下：首先解析计算单元，包括计算符号、计算数（负数提取）等，然后根据优先级计算规则，对解析出的计算单元执行计算，在计算过程中，括号具有最高优先级，因此，在表达式中搜索最后一个左括号，再搜索与之匹配的右括号，截取两个括号之间的表达式，进行先乘除后加减的运算，计算完括号内的表达式之后，将该左右括号删除，计算结果当做一个新的操作数进行处理，循环上述计算过程，直至所有操作都执行完成。

在计算机编程语言中，使用两个栈实现上述计算过程，包括数字栈及运算符栈，数字栈保存表达式中的计算数字以及中间计算结果，运算符栈保存表达式中的操作（+、-、*、/、(、)等）。

具体操作过程如下：从左向右扫描解析后的计算列表，若遇到数字，直接将数字压入数字栈中，若遇到运算符，首先进行决策，根据当前运算符与运算符栈顶的操作的优先级，决定是否进行计算，存在三种情况：

(1) 当栈顶运算符与当前运算符为一对左右括号时，此时不需要进行计算，直接将左括号出栈即可（因为括号内已经计算完成了）；

(2) 当栈顶操作为左括号且当前操作为右括号时，或者当前运算符的优先级高于栈顶运算符的优先级时，应当将当前运算符压入操作栈中；

(3) 否则，从数字栈中弹出两个栈顶数字，进行计算，并将计算结果压入数字栈中。

重复上述过程，直至运算符栈为空，返回数字栈栈顶元素（唯一元素），作为表达式计算结果。本次实验平台为百度 AI Studio，实验环境为 Python 3.7。

根据上述思路，简单的 Python 计算器实现过程可分为如下步骤：

步骤 1：定义两数字之间的计算操作

```
def calculate(n1, n2, operator):
  # 两数操作
  result = 0
  if operator == "+":
    result = n1 + n2
  if operator == "-":
    result = n1 - n2
  if operator == "*":
    result = n1 * n2
  if operator == "/":
    result = n1 / n2
    return result

  def is_operator(e):
    # 操作符号判断
    opers = ['+', '-', '*', '/', '(', ')']
    return True if e in opers else False
```

步骤 2：解析输入的字符串表达式为表达式列表

```
# 将算式处理成列表,解决 - 是负数还是减号
def formula_format(formula):
  # 去掉算式中的空格
  formula = re.sub('', '', formula)
  # 以 '横杠数字' 分隔, 其中正则表达式: (\-\d+\.?\d*) 括号内:
  # \- 表示匹配横杠开头; \d+ 表示匹配数字 1 次或多次
    # \.?表示匹配小数点 0 次或 1 次;\d* 表示匹配数字 1 次或多次
  formula_list = [i for i in re.split('(\-\d+\.?\d*)', formula) if i]

  # 最终的算式列表
```

```
    final_formula = []
    for item in formula_list:
            # 第一个是以横杠开头的数字(包括小数)final_formula
            # 即第一个是负数,横杠就不是减号
      if len(final_formula) == 0 and re.search('^\-\d+\.?\d*$', item):
        final_formula.append(item)
        continue

      if len(final_formula) > 0:
        # 如果 final_formal 最后一个元素是运算符['+', '-', '*', '/', '(']
            # 则横杠数字不是负数
        if re.search('[\+\-\*\/\(]$', final_formula[-1]):
          final_formula.append(item)
          continue
      # 按照运算符分隔开
      item_split = [i for i in re.split('([\+\-\*\/\(\)])', item) if i]
      final_formula += item_split
    return final_formula
```

步骤 3：定义运算符压栈的决策函数

```
def decision(tail_op, now_op):
    # tail_op: 运算符栈的最后一个运算符
    # now_op: 从算式列表取出的当前运算符
    # return: 1 代表弹栈运算,0 代表弹出运算符栈的栈顶元素,-1 表示入栈

    # 定义 4 种运算符级别,从低到高
    rate1 = ['+', '-']
    rate2 = ['*', '/']
    rate3 = ['(']
    rate4 = [')']

    if tail_op in rate1:
      if now_op in rate2 or now_op in rate3:
        # 说明连续两个运算优先级不一样,需要入栈
        return -1
      else:
        return 1

    elif tail_op in rate2:
      if now_op in rate3:
        return -1
      else:
        return 1

    elif tail_op in rate3:
      if now_op in rate4:
        return 0                      # (遇上)需要弹出(,丢掉)
      else:
```

```
        return -1                    # 只要栈顶元素为(,当前元素不是)都应入栈
    else:
        return -1
```

步骤4：实现表达式计算

```
def final_calc(formula_list):
    num_stack = []                    # 数字栈
    op_stack = []                     # 运算符栈
    for e in formula_list:
        operator = is_operator(e)
        if not operator:
            # 如果是数字,压入数字栈,字符串转换为浮点数
            num_stack.append(float(e))
        else:
            # 如果是运算符
            while True:
                # 如果运算符栈等于0无条件入栈
                if len(op_stack) == 0:
                    op_stack.append(e)
                    break

                # decision 函数做决策
                tag = decision(op_stack[-1], e)
                if tag == -1:
                    # 如果是-1压入运算符栈进入下一次循环
                    op_stack.append(e)
                    break
                elif tag == 0:
                    # 如果是0弹出运算符栈内最后一个(, 丢掉当前)
                                        # 进入下一次循环
                    op_stack.pop()
                    break
                elif tag == 1:
                    # 如果是1弹出运算符栈内最后两个元素
                                  # 弹出数字栈最后两位元素
                    op = op_stack.pop()
                    num2 = num_stack.pop()
                    num1 = num_stack.pop()
                    # 执行计算,计算结果压入数字栈
                    num_stack.append(calculate(num1, num2, op))
    # 处理大循环结束后,数字栈和运算符栈中可能还有元素的情况
    while len(op_stack) != 0:
        op = op_stack.pop()
        num2 = num_stack.pop()
        num1 = num_stack.pop()
        num_stack.append(calculate(num1, num2, op))

    return num_stack, op_stack
```

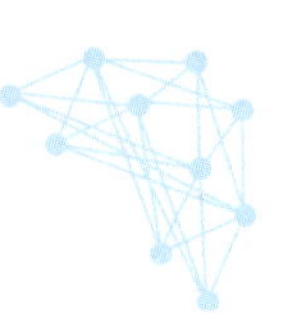

步骤 5：编写主程序，计算表达式结果

```
if __name__ == '__main__':
  formula = input('请输入：\n')
  print("算式：", formula)
  formula_list = formula_format(formula)
  result, _ = final_calc(formula_list)
    print("计算结果：", result[0])
```

运行主程序，在控制台输入如图 1-2 所示的算式，即可得到输出的计算结果。

```
请输入：
算式：  1 - 2 * ( (60-30 +(-40/5) * (9-2*5/3 + 7 /3*99/4*2998 +10 * 568/14 )) - (-4*3)/ (16-3*2))
计算结果：  2776672.6952380957
```

图 1-2　简单计算器输入与输出

实践三：图像直方图统计

直方图是对数据频次统计的可视化展示，将统计结果分布于一系列预定义的 bins 中。图像直方图是用来绘制、分析图像中每个像素灰度值所出现次数的分布图，是图像中像素灰度值强度分布的图形表达方式。在图像中，亮度越暗，灰度值越小，图像直方图的集中取值区域越趋向于横轴的左半部分，而整体明亮的图像灰度值集中分布于右半部分。在计算机视觉领域，常常借助图像直方图实现图像的二值化，即，将灰度值根据阈值设置为 0 或者 255，使图片呈现黑白效果，以此可得到一些图像中目标的轮廓。使用图像直方图来描述图像的特征时，使用的数据不仅仅可以是灰度值，也可能是任何有效描述图像的特征。

现在，本书使用图像的 R/G/B 三个通道的灰度值来构建图像直方图，本次实验平台为百度 AI Studio，实验环境为 Python 3.7。

步骤 1：准备一张图像

以一张哪吒图像为例(图 1-3)，进行后续直方图统计，直观上，该张图像的亮度较暗，因此在此刻可以推理出，该图像的直方图灰度值分布应该偏向于灰度值较低的区域，那么是否如此呢？

图 1-3　图像直方图统计用图

步骤 2：绘制所有通道上整体的图像直方图

图像数据分为 R、G、B 三个通道，同一位置的三个通道灰度值构成一个该像素点的最终着色形式。该步骤将三个通道中的所有灰度值拉平后进行统计，例如，一张彩色图片的大小为 200×200，那么其拉平后的灰度值个数为 3×200×200＝120 000，在所有通道上整体的图像直方统计正是对这 120 000 个灰度值在各个 bins 内出现的频次的刻画。直方图绘制方式有很多种，本书首先使用 matplotlib 中的函数进行绘制，代码如下：

```
import cv2                                        # OpenCV 库中拥有丰富的常用图像处理函数库
from matplotlib import pyplot as plt              # Python 绘图库

img = cv2.imread('data/nezha.jpeg',1)             # 读取图片
plt.hist(img.reshape([-1]),256,[0,256]);          # 绘制直方图
plt.show()                                        # 显示图片
```

上述代码中，plt.hist()函数用来绘制直方图，将 x 轴[0,256)的区间划分为 256 个 bins，因此，每个不同的灰度值均会落在不同的 bins 中，绘制结果如图 1-4 所示，图中灰度值的分布稍微偏左，说明了该图片的整体色调较暗。

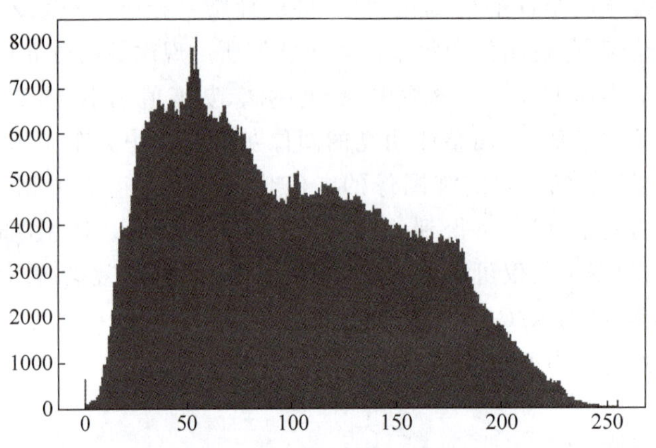

图 1-4　使用 matplotlib 库直方图统计结果

步骤 3：分别绘制三通道的直方图

上述直方图无法区分在不同通道上的图统计特性，现在使用一种新的方法分别展示不同通道上，灰度值的分布特征。OpenCV 库提供了专门的用于图像像素值统计的函数：cv2.calcHist(images，channels，mask，histSize，ranges[，hist[，accumulate]])，其中，images 表示输入的图像，channels 表示要展示的通道，mask 为掩码，是一个大小和 images 一样的数组，其中把需要处理的部分指定为 1，不需要处理的部分指定为 0，一般设置为 None，表示处理整幅图像，histSize 表示使用多少个 bin 区间，一般为 256，ranges 为灰度值的范围，一般为[0,256)，表示取值范围 0～255，演示代码如下：

```
import cv2
from matplotlib import pyplot as plt
```

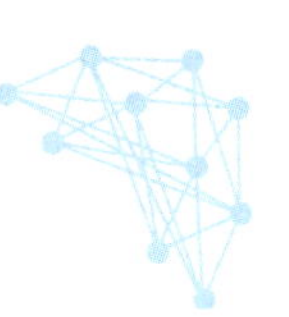

```
img = cv2.imread('data/nezha.jpeg',1)
color = ('b','g','r')                    # 分别用不同的颜色展示 B\G\R 三个通道的灰度值分布
for i,col in enumerate(color):
  histr = cv2.calcHist([img],[i],None,[256],[0,256])                    # 统计频次
  plt.plot(histr,color = col)            # 为直观展示,此处使用折线图代替直方图
  plt.xlim([0,256])
plt.show()
```

绘制的三通道直方图结果如图 1-5 所示，从原始图片中可以看出，三原色中红色的部分在整张图片中是比较鲜明的，而图 1-5 中红色部分的在 x 轴右侧要高于其他两色，解释了整体的图片风格基调。

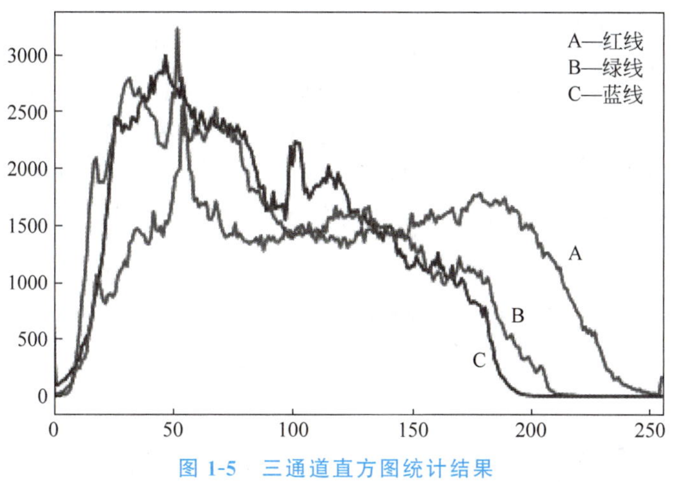

图 1-5　三通道直方图统计结果

上述调用了两种第三方库方法进行灰度值的统计，当然也可以动手实现一个统计函数，实现上述直方图展示，此处不再赘述。

实践四：文本词频分析

文本与图片具有本质上的差别：图片本质上是数字化的，其每个像素点都由三原色的组合灰度值构成，而文本属于自然语言，其表现形式无法被计算机直接识别，因此，在自然语言处理技术发展的早期，解决文本表示问题是一项极具挑战的任务。

与图像灰度值的直方图展示相类似，早期的研究者也对文本进行词频统计，将文本中各词出现的频率作为特征，然后进行后续一系列分析与处理。然而，各语言文本在表现形式上也具有很大的差异，比如英文文本由单词个体构成，空格为天然的单词分隔符，因此统计十分便利，然而中文不具备这种天然的分割形式，若要进行词频统计，需要对文本进行预处理，即分词。下面逐一介绍进行中文文本词频统计的步骤。

步骤 1：文本加载

首先将需要分析的文本从文件中读出，本文以一篇散文为例进行后面的分析：

```
with open('test.txt', 'r', encoding = 'UTF-8') as novelFile:
    novel = novelFile.read()
```

步骤 2：文本分词

目前，Python 支持多种第三方分词工具，最常用的有 jieba 分词、SnowNLP、THULAC、NLPIR 等，本书以 jieba 分词为例进行演示，更多分词工具读者可以自行实验尝试。

```
import jieba
novelList = list(jieba.lcut(novel))
```

步骤 3：去停用词处理

在自然语言中，存在很多无意义的词，比如标点符号、"的"、"之"等，这类词出现频率高，但具有很有限的语义作用，称作停用词。为了避免这类词对统计结果造成的干扰，通常在分词之后，需要将其剔除，只保留重要的词语用作进一步分析，下面一段代码演示了在计算每个词出现的频次的过程中，若该词在停用词列表中时，做不计入处理。

```
# 加载停用词
stopwords = [line.strip() for line in open('stop.txt', 'r', encoding = 'UTF-8').readlines()]
novelDict = {}
# 统计出词频字典
for word in novelList:
  if word not in stopwords:
    # 不统计字数为 1 的词
    if len(word) == 1:
      continue
    else:
      novelDict[word] = novelDict.get(word, 0) + 1
```

步骤 4：根据词频排序并输出

首先将上述步骤得到的(词->词频)字典映射按词频从高到低排序，再对前 20 词频的词进行输出：

```
# 对词频进行排序
novelListSorted = list(novelDict.items())
novelListSorted.sort(key = lambda e: e[1], reverse = True)
# 打印前 20 词频
topWordNum = 0
for topWordTup in novelListSorted[:20]:
    print(topWordTup)
# ------------------------ 输出如图 1-6 所示 ------------------------
```

根据输出结果，相信读者立马便可分辨出该散文的来源(散文来源：朱自清《背影》)，由此可见，词频统计在一定程度上是可以反映文本特征的。文本词频分析仅仅可以作为文本

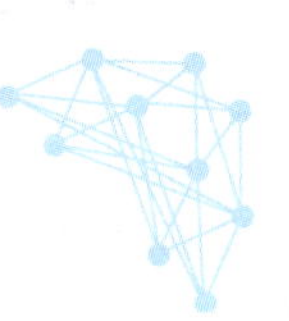

```
('父亲', 98)
('背影', 54)
('作者', 39)
('儿子', 28)
('铁道', 17)
('表现', 17)
('感情', 15)
('文章', 15)
('橘子', 14)
('散文', 11)
```

图 1-6　文本词频分析结果

的一部分最浅层的特征使用，但是要分析其深度语义，需要使用更加先进的文本特征提取方式。

第 2 章　数据爬取与分析

随着人工智能技术的发展以及计算资源的不断获得，使用更大的网络模型进行深度知识挖掘已经成为一种趋势，然而，更大更深的网络需要更多的数据去拟合，数据的获取变得尤为重要。因为人工标注数据耗时耗力且效率低，目前网络中存在大量数据可以供我们使用，如果能自动获取这些数据，并且进行自动预处理，将获得的数据作为训练更大更深模型的"原料"，不仅对学术研究有重大意义，对人工智能的产业化发展更是一股不可小觑的动力。

编写程序从网络中自动获取数据的过程叫作数据爬取，也叫作网络爬虫。网络爬虫一般步骤为：获取爬取页的 url、获取页面内容、解析页面、获取所需数据，重复上述过程至爬取结束。本章将介绍三个数据爬取的实验，并针对爬取的数据进行简单的分析。

实践五：明星图片爬取

明星图片爬取基于百度搜索的返回结果进行，在百度搜索"中国艺人"，解析返回页面中展示的艺人图片链接并保存。

步骤 1：定义爬取指定 url 页面的函数

在爬取网页内容的时候，使用 requests 获取指定 url 页面的内容，然而，直接使用程序爬取网络数据会被网站识别出来，然后封禁该 IP，导致数据爬取中断，所以需要首先将程序访问页面伪装成浏览器访问页面，也就是说，在进行页面爬取时，程序通过定义一个请求头来伪装成浏览器，其中包含以下几个参数：

（1）User-Agent：定义一个真实浏览器的代理名称，表明自己的身份（是哪种浏览器），本 demo 为谷歌浏览器；

（2）Accept：告诉 Web 服务器自己接受什么介质类型，*/* 表示任何类型；

（3）Referer：浏览器向 Web 服务器表明自己是从哪个网页 URL 获得点击当前请求中的网址；

（4）Connection：表示是否需要持久连接；

（5）Accept-Language：浏览器声明自己接收的语言；

（6）Accept-Encoding：浏览器声明自己接收的编码方法。

伪装好之后，使用 requests.get(url, headers)方法获取指定 url 页面内容：

```
# 导入相关的包
```

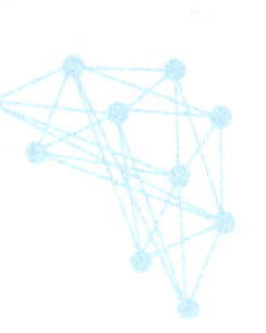


```
# request: 提供爬虫相关的接口函数
# json: 主要负责处理字典类型数据在字符串与字典之间进行转换
import requests
import json
import os

# 获取指定 url 页面信息
def getPicinfo(url):
  headers = {
    "User-Agent": "Mozilla/5.0 (Windows NT 6.1; Win64; x64) AppleWebKit/537.36 (KHTML, like
Gecko) Chrome/81.0.4044.129 Safari/537.36",
    "Accept": "*/*",
    "Referer": "https://www.baidu.com/s?ie=utf-8&f=8&rsv_bp=1&rsv_idx=1&tn=baidu&wd=
%E4%B8%AD%E5%9B%BD%E8%89%BA%E4%BA%BA&fenlei=256&rsv_pq=cf6f24c500067b9f&rsv_t=
c2e724FZlGF9fJYeo9ZV1I0edbhV0Z04aYY%2Fn6U7qaUoH%2B0WbUiKdOr8JO4&rqlang=cn&rsv_dl=
ib&rsv_enter=1&rsv_sug3=15&rsv_sug1=6&rsv_sug7=101",
    "Host": "sp0.baidu.com",
    "Connection": "keep-alive",
    "Accept-Language": "en-US,en;q=0.9,zh-CN;q=0.8,zh; q=0.7,zh-TW;q=0.6",
    "Accept-Encoding": "gzip, deflate"
}
# 根据 url,使用 get()方法获取页面内容,返回相应内容
  response = requests.get(url, headers)
  # 成功访问了页面
  if response.status_code == 200:
    return response.text
  # 没有成功访问页面,返回 None
  return None
```

步骤 2：爬取图片

使用上述定义好的函数，进行指定 url 页面的爬取，然后解析返回的页面源码，获取其中的图片链接，并保存图片：

```
# 图片存放地址
Download_dir = 'picture'
if os.path.exists(Download_dir) == False:
  os.mkdir(Download_dir)

pn_num = 1                                    # 爬取多少页
rn_num = 10                                   # 每页多少个图片

for k in range(pn_num):                       # for 循环,每次爬取一页
    url = "https://sp0.baidu.com/8aQDcjqpAAV3otqbppnN2DJv/api.php?resource_id=28266&from_
mid=1&&format=json&ie=utf-8&oe=utf-8&query=%E4%B8%AD%E5%9B%BD%E8%89%BA%
E4%BA%BA&sort_key=&sort_type=1&stat0=&stat1=&stat2=&stat3=&pn="+str(k)+"&rn=
{}&_=1613785351574".format(rn_num)

    res = getPicinfo(url)                     # 调用函数,获取每一页内容
```

```
json_str = json.loads(res)                        # 将获取的文本格式转化为字典格式
figs = json_str['data'][0]['result']

for i in figs:                                    # for 循环读取每一张图片的名字
    name = i['ename']
    img_url = i['pic_4n_78']                      # img_url: 图片地址
    img_res = requests.get(img_url)               # 读取图片所在页面内容
    if img_res.status_code == 200:
        ext_str_splits = img_res.headers['Content - Type'].split('/')
        ext = ext_str_splits[ - 1]                # 索引 - 1 指向列表倒数第一个元素
        fname = name + "." + ext
        # 保存图片
        open(os.path.join(Download_dir, fname),
             'wb').write(img_res.content)
        print(name, img_url, "saved")
# 爬取内容部分如图 2-1 所示
```

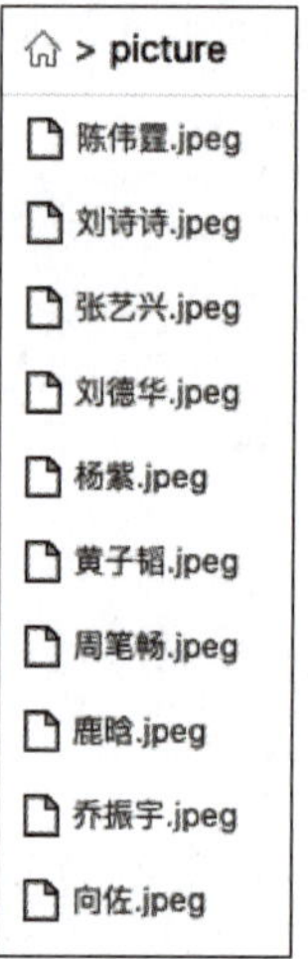

图 2-1　明星数据爬取结果

实践六：股票行情爬取与分析

本实验主要介绍股票数据的爬取与分析，爬取页面如图 2-2 所示。

本实验首先爬取一个股票名称列表，再获取列表里每支股票的信息。

步骤 1：爬取股票列表信息

假如我们想要爬取【创业板】的数据信息，可以选中【创业板】(如图 2-2 所示)，然后右击，单击【审查】(不同浏览器可能略微不同，此处为 Google Chrome 浏览器，如图 2-3 所示)，即可进入网页源码页面(如图 2-4 所示)，进入该源码页面后，单击【Source】模块，即可看到网页请求服务器时的 url 配置，单击该配置即可返回请求结果(图 2-4 右侧 json)文件，其中

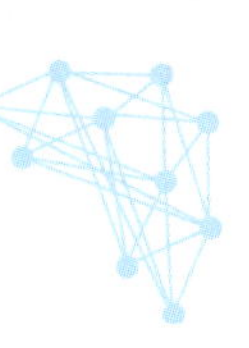

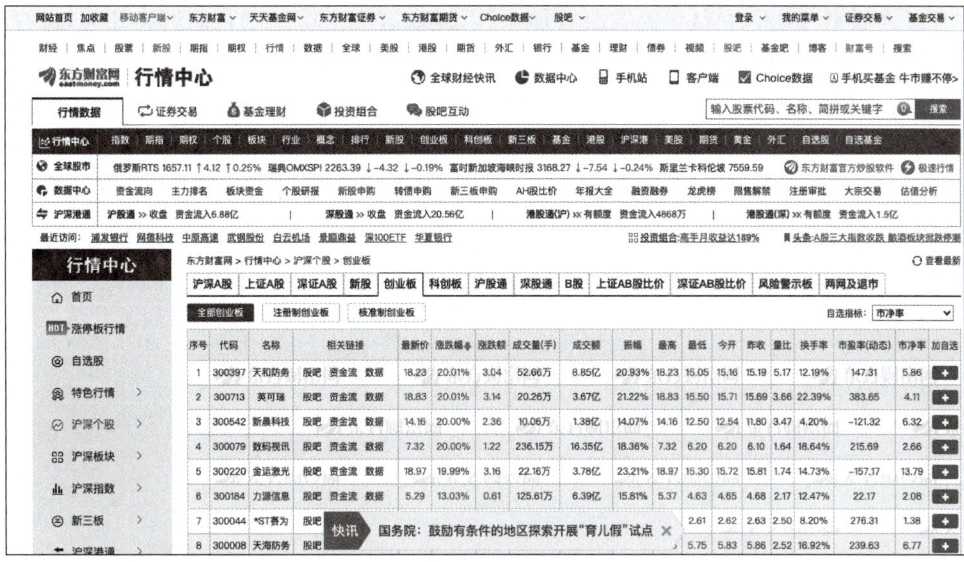

图 2-2　股票爬取网站

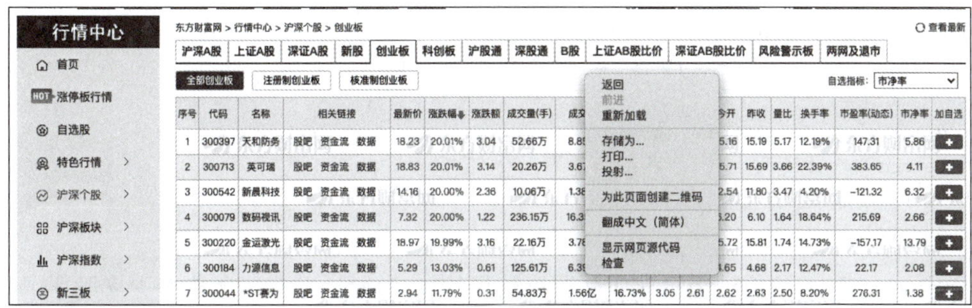

图 2-3　进入网页源码页面

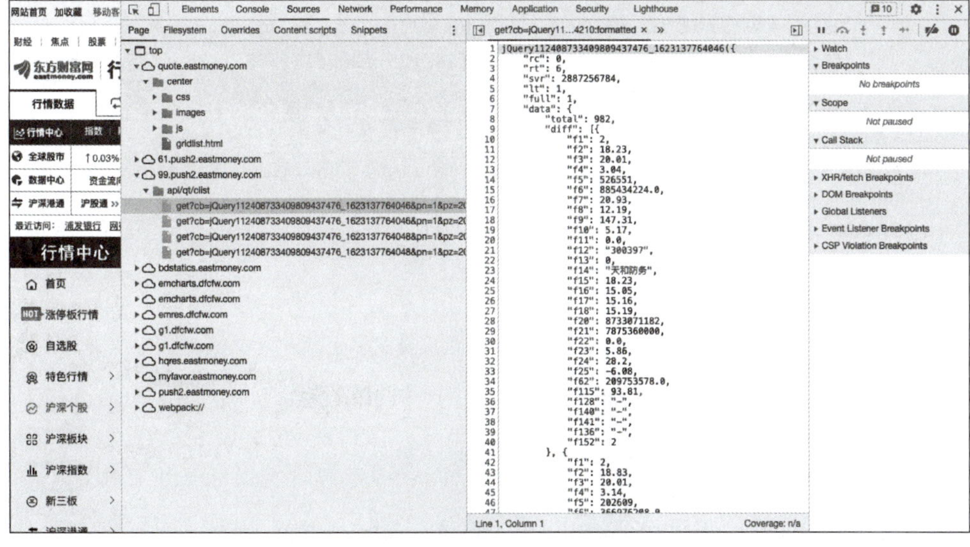

图 2-4　网页源码页面展示

字段'f12'为股票代码,而'f14'为股票名称,可以提取这两个信息供我们后续处理,保存这些代码及名称,用于后面股票数据的爬取。

本实验使用 requests 包进行网页信息的获取,首先定义 getHtml()函数,利用 requests. get(url,headers)方法发起请求,获取页面响应,然后根据我们的观察,准备请求服务器链接(此处设置获取 20 支股票),然后将返回的上述 json 格式的数据进行解析,获取股票代码及名称列表,保存于 stock. csv 中:

```
# http://quote.eastmoney.com/center/gridlist.html
# 爬取该页面股票信息

import requests
from fake_useragent import UserAgent
from bs4 import BeautifulSoup
import json
import csv

# 获取指定 url 页面的内容
def getHtml(url):
  r = requests.get(url, headers={
                  'User-Agent': UserAgent().random,
                   })
  r.encoding = r.apparent_encoding
  return r.text
# num 为爬取多少条记录,可手动设置
num = 20
```

指定 stockUrl,该地址为页面实际获取数据的接口地址,并指定爬取多少支股票:

```
stockUrl = 'http://99.push2.eastmoney.com/api/qt/clist/get?cb=jQuery112408733409809437476_
          1623137764048&pn=1&pz={}&po=1&np=1&ut=bd1d9ddb04089700cf9c27f6f7426281&fltt=
          2&invt=2&fid=f3&fs=m:0+t:80&fields=f1,f2,f3,f4,f5,f6,f7,f8,f9,f10,f12,f13,
          f14,f15,f16,f17,f18,f20,f21,f23,f24,f25,f22,f11,f62,f128,f136,f115,f152&_=
          1623137764167:formatted'.format(num)

if __name__ == '__main__':
    responseText = getHtml(stockUrl)
    jsonText = responseText.split("(")[1].split(")")[0];
    resJson = json.loads(jsonText)
    datas = resJson["data"]["diff"]
    # 数据解析
    for data in datas:
        row = [data["f12"],data["f14"]]
        datalist.append(row)
    print(datalist)

    f = open('stock.csv','w+',encoding='utf-8',newline="")
    writer = csv.writer(f)
```

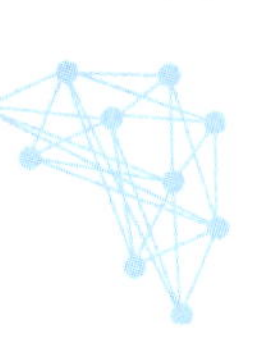

```
    writer.writerow(('代码', '名称'))
    for data in datalist:
        writer.writerow((data[0] + "\t",data[1] + "\t"))
    f.close()
#输出结果如图 2-5 所示
```

```
[['300397', '天和防务'], ['300713', '英可瑞'], ['300542', '新晨科技'], ['300079', '数码视讯'], ['300220', '金运激光'], ['300184', '力源信息'], ['300044', '*ST赛为'], ['300008', '天海防务'], ['300722', '新余国科'], ['300266', '兴源环境'], ['300880', '迦南智能'], ['300339', '润和软件'], ['300378', '鼎捷软件'], ['300414', '中光防雷'], ['300123', '亚光科技'], ['300340', '科恒股份'], ['300278', '*ST华昌'], ['300469', '信息发展'], ['300064', '*ST金刚'], ['300563', '神宇股份']]
```

图 2-5　股票代码及名称爬取结果

步骤 2：股票数据获取

在获取股票代码及名称列表之后，逐个下载股票数据，根据观察，每支股票的历史数据由四部分组成：头 url，上市地（深市，沪市）、股票代码、尾 url，只需要组合好上述 url，即可获得 csv 格式的数据，并下载，如下：

```
import csv
import urllib.request as r
import threading

# 读取之前获取的个股 csv，放入到一个列表中
def getStockList():
  stockList = []
  f = open('stock.csv','r',encoding = 'utf - 8')
  f.seek(0)
  reader = csv.reader(f)
  for item in reader:
    stockList.append(item)
  f.close()
  return stockList

# 根据 url 下载文件，保存于 file_path 中
def downloadFile(url,filepath):
  try:
    r.urlretrieve(url,filepath)
  except Exception as e:
    print(e)
    print(filepath,"is downloaded")
    pass

#设置信号量，控制线程并发数，多线程下载
sem = threading.Semaphore(1)
def downloadFileSem(url,filepath):
  with sem:
    downloadFile(url,filepath)
```

```
# 定义头 url,尾 url
urlStart = 'http://quotes.money.163.com/service/chddata.html?code = '
urlEnd = '&end = 20210221&fields = TCLOSE; HIGH; LOW; TOPEN; LCLOSE; CHG; PCHG; VOTURNOVER;
          VATURNOVER'

# 主程序,依次下载各支股票的历史数据
if __name__ == '__main__':
    stockList = getStockList()
    print(stockList)
    for s in stockList:
        scode = str(s[0].split("\t")[0])
        # 0: 沪市; 1: 深市
    # 拼接文件 url
        url = urlStart + ("0" if scode.startswith('6') else "1") + scode + urlEnd
        print(url)
        filepath = (str(s[1].split("\t")[0]) + "_" + scode) + ".csv"
    threading.Thread(target = downloadFileSem,args = (url,filepath)).start()
# 下载文件列表如图 2-6 所示
```

```
N崧盛_301002.csv      东方通_300379.csv      天和防务_300397.csv    派瑞股份_300831.csv    诚迈科技_300598.csv
N迈拓_301006.csv      中光防雷_300414.csv    天海防务_300008.csv    润和软件_300339.csv    迦南智能_300880.csv
*ST华昌_300278.csv    亚光科技_300123.csv    数字认证_300579.csv    百邦科技_300736.csv    金运激光_300220.csv
*ST赛为_300044.csv    信息发展_300469.csv    数码视讯_300079.csv    神宇股份_300563.csv    鼎捷软件_300378.csv
*ST达志_300530.csv    兴源环境_300266.csv    新余国科_300722.csv    科恒股份_300340.csv
*ST金刚_300064.csv    力源信息_300184.csv    新晨科技_300542.csv    科蓝软件_300663.csv
万兴科技_300624.csv   国民技术_300077.csv    永福股份_300712.csv    英可瑞_300713.csv
```

图 2-6　股票数据爬取结果

步骤 3: 股票数据分析

上述步骤获取的股票数据的格式如图 2-7 所示,现在,我们对股票数据做一些简单的分析,比如股票的最高价、最低价随时间的变化,股票的涨跌幅/涨跌额随时间的变化,以及当天的成交量与前一天的涨跌幅有何关系等。上述分析可以使用作图的方式进行直观展示。

1	日期	股票代码	名称	收盘价	最高价	最低价	开盘价	前收盘	涨跌额	涨跌幅	成交量	成交金额
2	2021/2/19	300312	邦讯技术	3.5	3.5	2.9	2.9	2.92	0.58	19.863	29040300	96074273
3	2021/2/18	300312	邦讯技术	2.92	2.95	2.72	2.74	2.71	0.21	7.7491	15190300	43348564
4	2021/2/10	300312	邦讯技术	2.71	2.83	2.65	2.83	2.77	-0.06	-2.1661	11843500	32291587
5	2021/2/9	300312	邦讯技术	2.77	2.82	2.63	2.82	2.78	-0.01	-0.3597	17045600	46248454

图 2-7　股票数据示例

本实践使用 matplotlib 库进行作图分析,首先定义加载数据的功能函数,如下:

```
# 导入相关包
import pandas as pd
import matplotlib.pyplot as plt
import csv

files = []
```

```
# 获取存储股票数据的文件路径
def get_files_path():
  stock_list = getStockList()
  paths = []
  for stock in stock_list[1:]:
    p = stock[1].strip() + "_" + stock[0].strip() + ".csv"
    data,_ = read_file(p)
        # 若文件为空,则不进行分析
    if len(data)> 1:
      files.append(p)
get_files_path()
print(files)

# 读取 csv 文件,文件存储格式为中文 GBK 格式
def read_file(file_name):
  data = pd.read_csv(file_name,encoding = 'gbk')
  col_name = data.columns.values
  return data, col_name
```

定义 get_diff(file_name)函数,作该股票的涨跌幅/涨跌额随时间的变化图像,可以将该支股票的波动性观察一段时间。

```
# 获取股票的涨跌额及涨跌幅度变化图
def get_diff(file_name):
  data, col_name = read_file(file_name)
  index = len(data['日期']) - 1
  sep = index//15
  plt.figure(figsize = (15,17))

  x = data['日期'].values.tolist()
  x.reverse()
  # x = x[ - index:]

  xticks = list(range(0,len(x),sep))
  xlabels = [x[i] for i in xticks]
  xticks.append(len(x))
  # xlabels.append(x[ - 1])

  y1 = [float(c) if c!= 'None' else 0 for c in data['涨跌额'].values.tolist()]
  y2 = [float(c) if c!= 'None' else 0 for c in data['涨跌幅'].values.tolist()]
  y1.reverse()
  y2.reverse()
  # y1 = y1[ - index:]
  # y2 = y2[ - index:]

  ax1 = plt.subplot(211)
  plt.plot(range(1,len(x) + 1),y1,c = 'r')
  plt.title('{} - 涨跌额/涨跌幅'.format(file_name.split('_')[0]),fontsize = 20)
```

```
    ax1.set_xticks(xticks)
    ax1.set_xticklabels(xlabels, rotation = 40)
    # plt.xlabel('日期')
    plt.ylabel('涨跌额',fontsize = 20)

    ax2 = plt.subplot(212)
    plt.plot(range(1,len(x) + 1),y2,c = 'g')
    # plt.title('{} - 涨跌幅'.format(file_name.split('_')[0]))
    ax2.set_xticks(xticks)
    ax2.set_xticklabels(xlabels, rotation = 40)
    plt.xlabel('日期',fontsize = 20)
    plt.ylabel('涨跌幅',fontsize = 20)

    plt.savefig('work/' + file_name.split('.')[0] + '_diff.png')
      plt.show()
```

定义 get_max_min(file_name)函数，做该股票的每日最高价/最低价随时间的变化图像，也可以将该支股票的波动性或者是否增值观察一段时间。

```
# 获取股票的最大值及最小值变化图
def get_max_min(file_name):
    data, col_name = read_file(file_name)
    index = len(data['日期']) - 1
    sep = index//15
    plt.figure(figsize = (15,10))

    x = data['日期'].values.tolist()
    x.reverse()
    x = x[ - index:]

    xticks = list(range(0,len(x),sep))
    xlabels = [x[i] for i in xticks]
    xticks.append(len(x))
    # xlabels.append(x[ - 1])

    y1 = [float(c) if c!= 'None' else 0 for c in data['最高价'].values.tolist()]
    y2 = [float(c) if c!= 'None' else 0 for c in data['最低价'].values.tolist()]
    y1.reverse()
    y2.reverse()
    y1 = y1[ - index:]
    y2 = y2[ - index:]

    ax = plt.subplot(111)
    plt.plot(range(1,len(x) + 1),y1,c = 'r',linestyle = " - ")
    plt.plot(range(1,len(x) + 1),y2,c = 'g',linestyle = " -- ")

    plt.title('{} - 最高价/最低价'.format(file_name.split('_')[0]),fontsize = 20)
    ax.set_xticks(xticks)
```

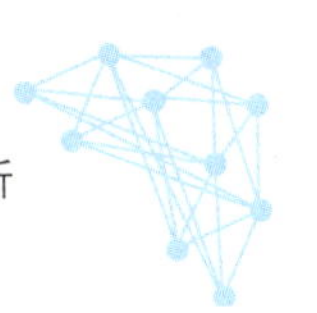

```
    ax.set_xticklabels(xlabels, rotation = 40)
    plt.xlabel('日期',fontsize = 20)
    plt.ylabel('价格',fontsize = 20)
    plt.legend(['最高价','最低价'],fontsize = 20)
    plt.savefig('work/' + file_name.split('.')[0] + '_minmax.png')
    plt.show()
```

定义 get_deal(file_name)函数，作该股票的每日成交量/成交金额随时间变化的图像，可以观察一段时间内该支股票的成交量变化，以及是否存在大宗交易：

```
# 获取股票的成交量及成交金额变化图
def get_deal(file_name):
    data, col_name = read_file(file_name)
    index = len(data['日期']) - 1
    sep = index//15
    plt.figure(figsize = (15,10))

    x = data['日期'].values.tolist()
    x.reverse()
    x = x[ - index:]

    xticks = list(range(0,len(x),sep))
    xlabels = [x[i] for i in xticks]
    xticks.append(len(x))
    # xlabels.append(x[ - 1])

    y1 = [float(c) if c!= 'None' else 0 for c in data['成交量'].values.tolist()]
    y2 = [float(c) if c!= 'None' else 0 for c in data['成交金额'].values.tolist()]
    y1.reverse()
    y2.reverse()
    y1 = y1[ - index:]
    y2 = y2[ - index:]

    ax = plt.subplot(111)
    plt.plot(range(1,len(x) + 1),y1,c = 'b',linestyle = " - ")
    plt.plot(range(1,len(x) + 1),y2,c = 'r',linestyle = " -- ")

    plt.title('{} - 成交量/成交金额'.format(file_name.split('_')[0]),fontsize = 20)
    ax.set_xticks(xticks)
    ax.set_xticklabels(xlabels, rotation = 40)
    plt.xlabel('日期',fontsize = 20)
    plt.legend(['成交量','成交金额'],fontsize = 20)
    plt.savefig('work/' + file_name.split('.')[0] + '_deal.png')
      plt.show()
```

定义 get_rel(file_name)函数，做该股票的成交量与前一天涨跌额的关系图像，直观地展示涨跌额对后续成交量的影响。

```
# 获取股票的涨跌额与次日成交量的关系图
def get_rel(file_name):
    data, col_name = read_file(file_name)
    index = len(data['日期']) - 1
    sep = index//15
    plt.figure(figsize = (15,10))

    x = data['日期'].values.tolist()
    x.reverse()
    x = x[ - index:]

    xticks = list(range(0,len(x),sep))
    xlabels = [x[i] for i in xticks]
    xticks.append(len(x))
    # xlabels.append(x[ - 1])

    y1 = [float(c) if c!= 'None' else 0 for c in data['成交量'].values.tolist()]
    y2 = [float(c) if c!= 'None' else 0 for c in data['涨跌额'].values.tolist()]
    y1.reverse()
    y2.reverse()
    y1 = y1[ - index:]
    y2 = y2[ - index:]
    y2 = [0] + y2[: - 1]

    ax = plt.subplot(111)
    plt.scatter(y2,y1)

    plt.title('{} - 成交量与前一天涨跌额的关系'.format(file_name.split('_')[0]),fontsize = 20)
    # ax.set_xticks(xticks)
    # ax.set_xticklabels(xlabels, rotation = 40)
    plt.xlabel('前一天涨跌额',fontsize = 20)
    plt.ylabel('成交量',fontsize = 20)
    # plt.legend(['成交量','成交金额'],fontsize = 20)
    plt.savefig('work/' + file_name.split('.')[0] + '_rel.png')
      plt.show()
```

调用上述分析函数，为每支股票绘制相关的展示图：

```
for file in files:
    get_max_min(file)
    get_deal(file)
    get_diff(file)
      get_rel(file)
# 部分输出结果如图 2-8，图 2-9 所示
#(3)获取股票的成交量及成交金额变化图(见图 2-10，图 2-11)
```

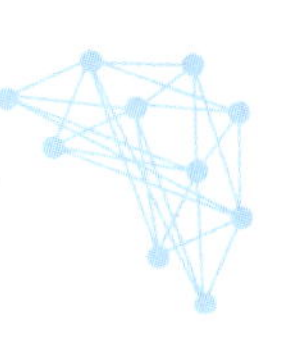

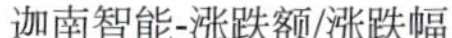

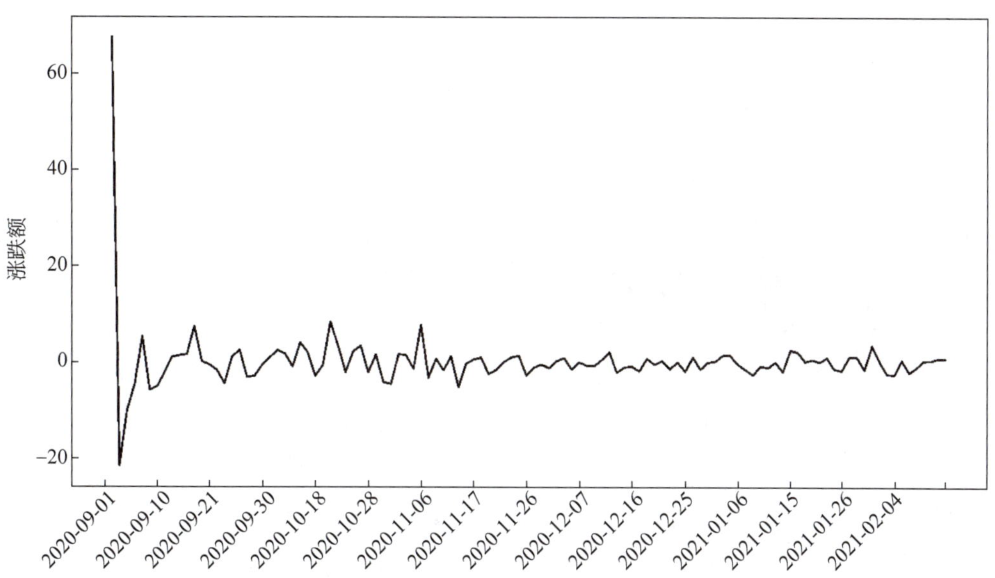

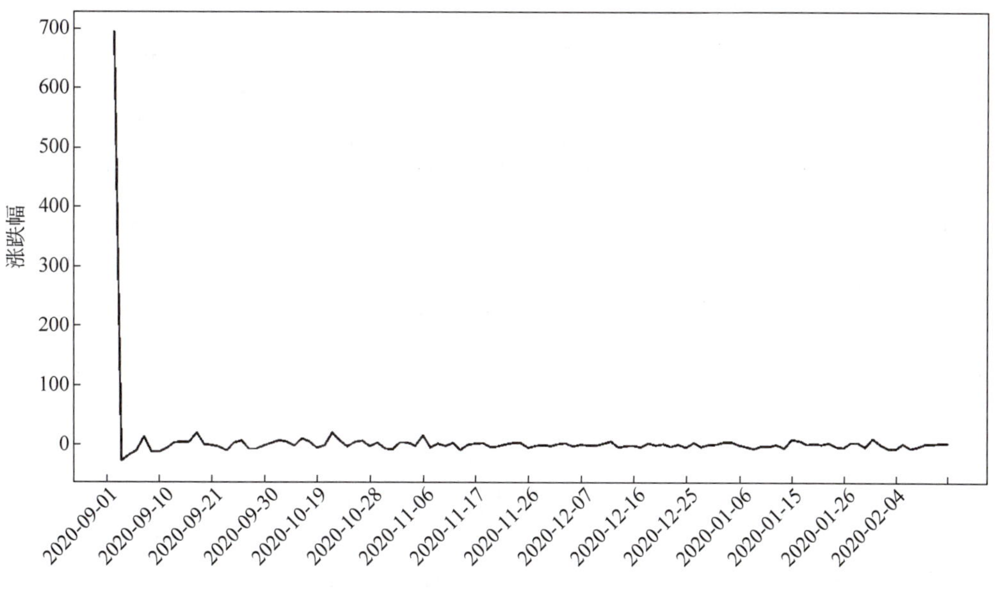

日期

图 2-8　股票的涨跌额及涨跌幅度变化图

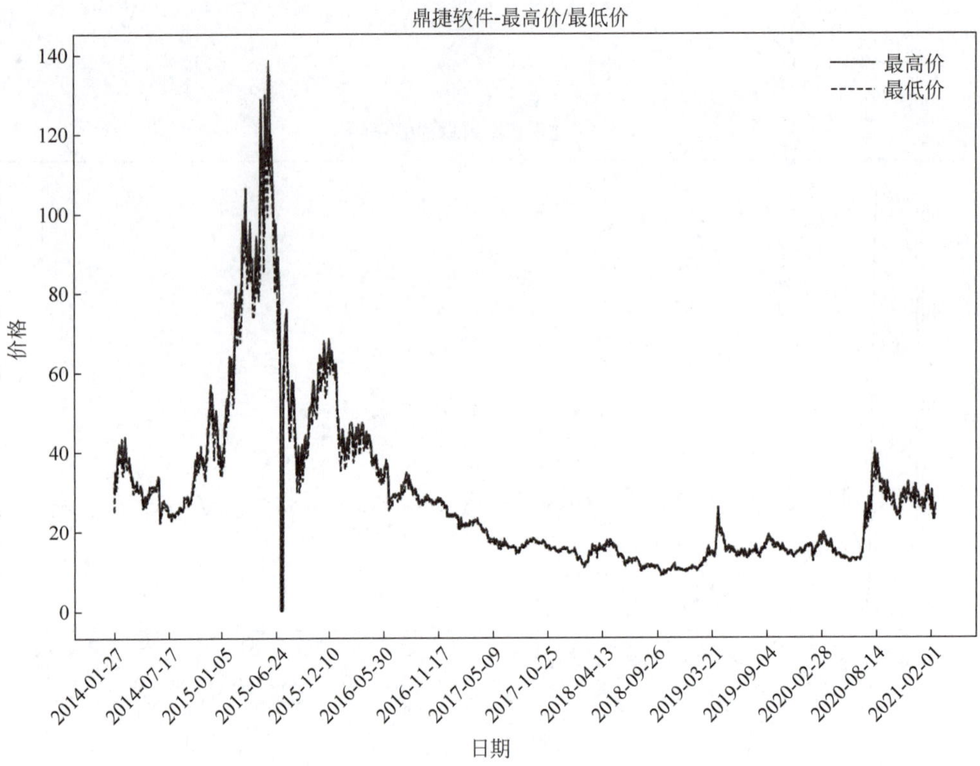

图 2-9 股票的最高价/最低价变化图

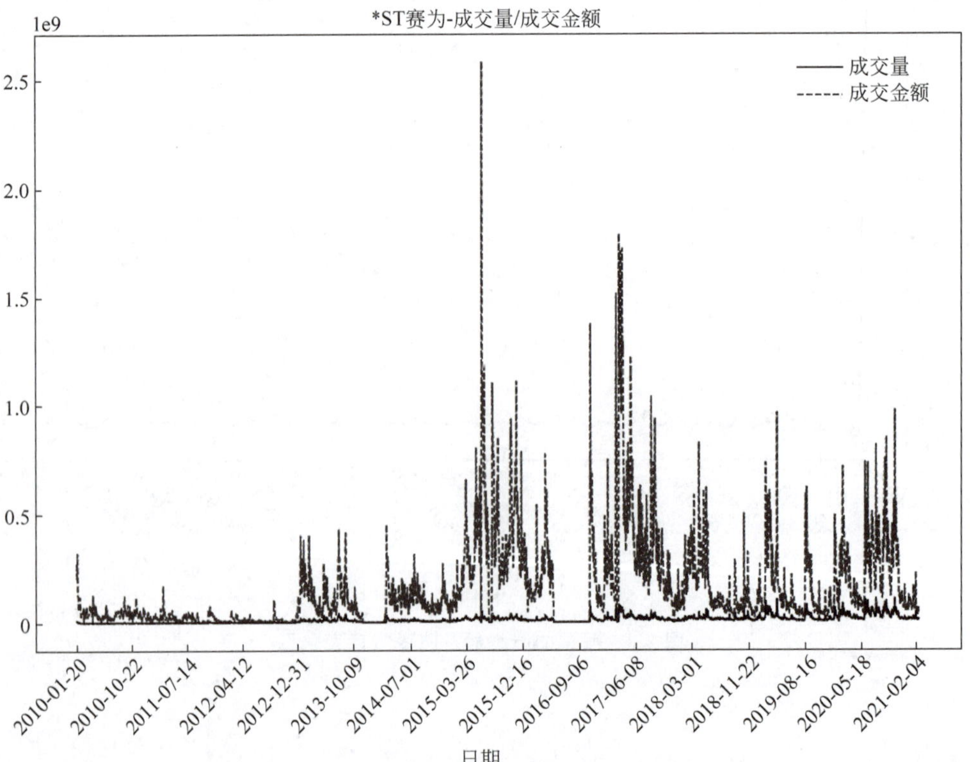

图 2-10 股票成交量/成交金额变化图

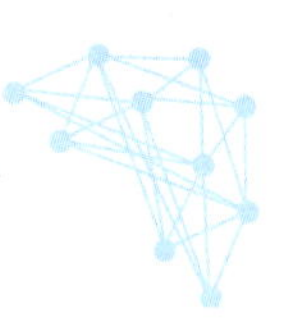

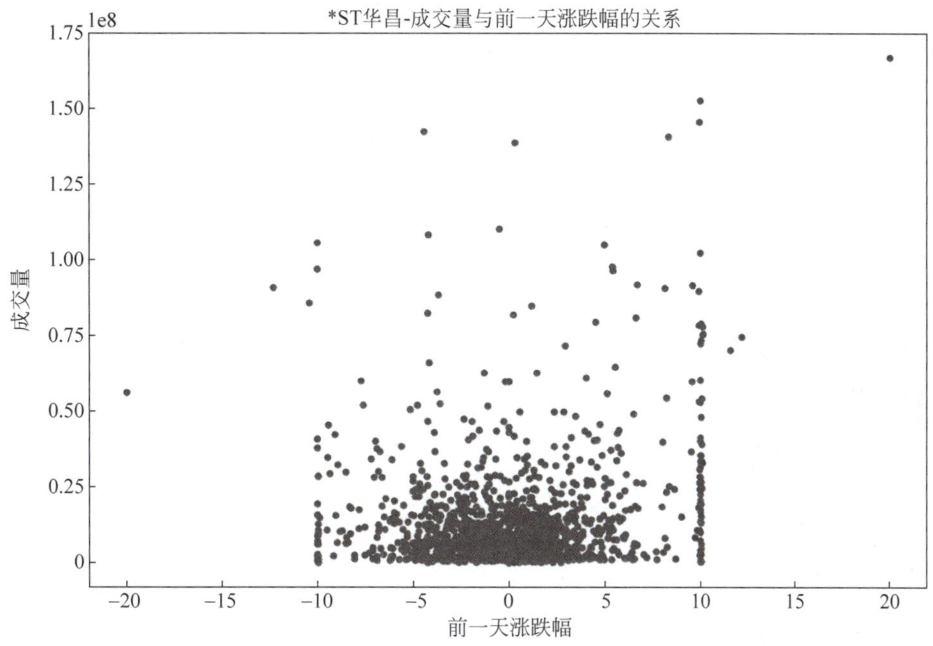

图 2-11　股票的涨跌额与次日成交量关系图

实践七：科比职业生涯数据爬取与分析

本实验从网站 http://www.stat-nba.com/（如图 2-12 所示）获取科比的相关数据，主要包括：常规赛、季后赛、全明星赛三种赛事的数据。

图 2-12　数据爬取网站截图

进入上述首页后，在页面内搜索 Kobe，即可定位到科比的入口按钮，将鼠标置于科比按钮上，右击，单击“审查”，即可定位到该按钮对应的链接，如图 2-13 所示（http://www.stat-nba.com/player/195.html），单击该链接即可进入科比首页（如图 2-14 所示），可以看到科比在各个赛事中的数据。使用同样的方法，鼠标分别置于三种赛事的按钮上，右键进入审查页面可以看到三种赛事的链接，如季后赛链接为：http://www.stat-nba.com/player/stat_box/195_playoff.html。获取链接后，进入链接，将鼠标置于某一行数据上，右键进入审查页面，便可定位到该条数据在源码中的位置与节点结构特征（如图 2-15 所示），观察每行数据的节点位置，在获取该页面代码后，按照规则解析即可得到每行中各个项目对应的数据。

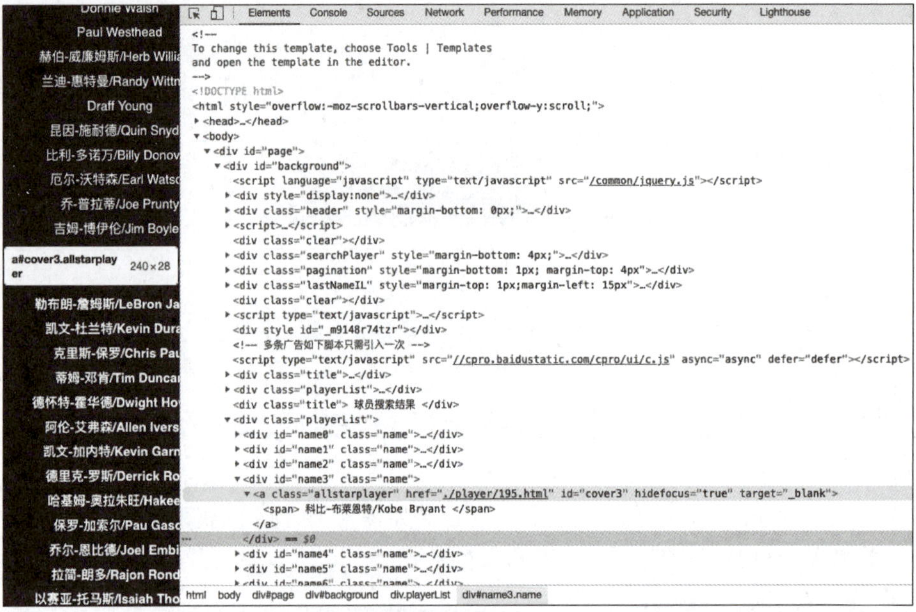

图 2-13　审查网页源码页面，对应科比的链接

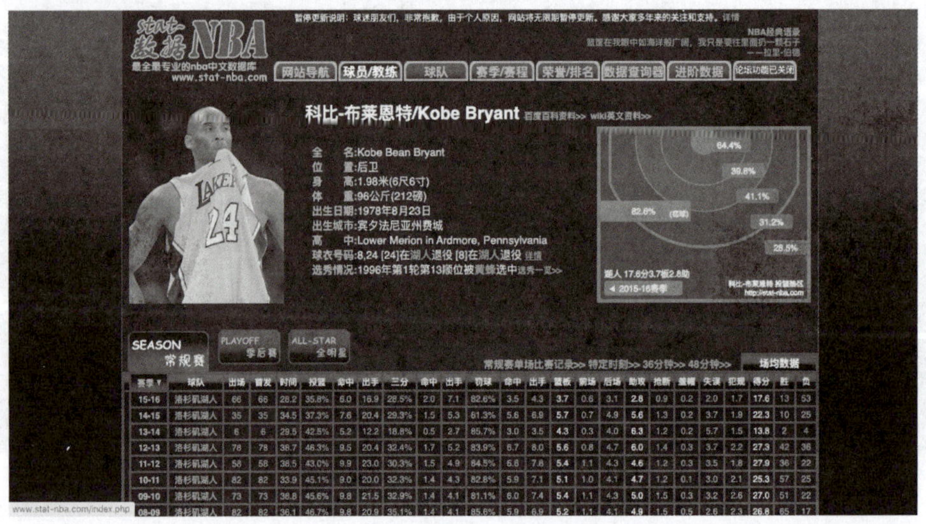

图 2-14　科比首页

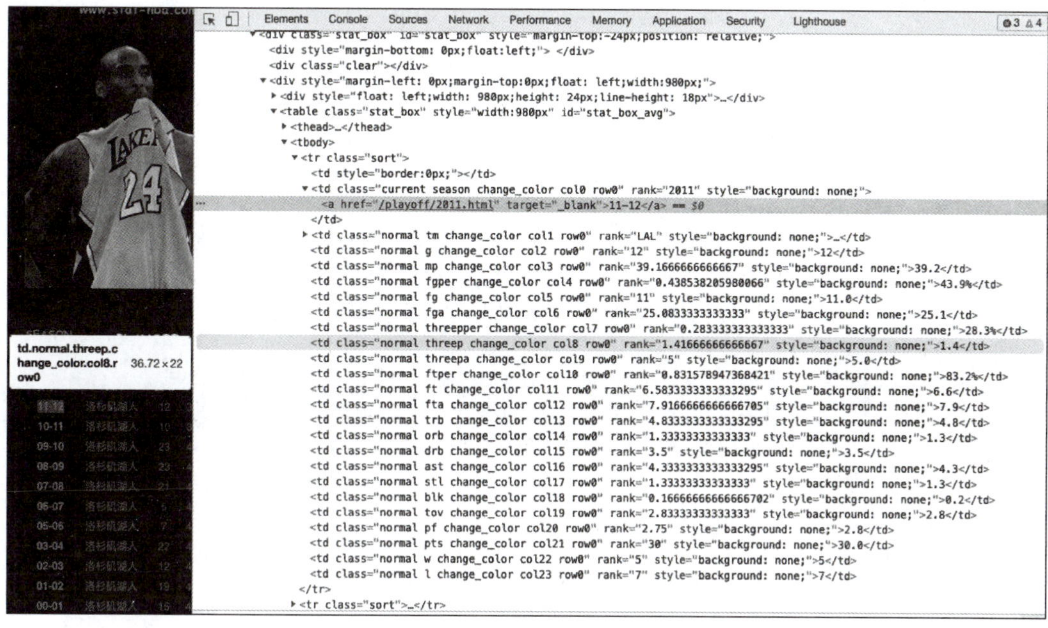

图 2-15　数据行审查源码页面

步骤 1：科比职业生涯赛事数据爬取

根据上述网页观察，我们使用 requests 包来获取网页页面源码内容，并且将返回结果使用 BeautifulSoup 进行解析，对于三种赛事，分别将解析结果存于对应文件中，用于后续分析：

```
# 导入相关包
import requests
from bs4 import BeautifulSoup
import csv
import matplotlib.pyplot as plt
import pandas as pd

# 获取 url 页面内容,并以文本格式返回
def getKobeList(code):
    url = "http://www.stat-nba.com/player/stat_box/195_" + code + ".html"
    response = requests.get(url)
    resKobe = response.text
    return resKobe

# 获取 Kobe 历史数据
def getRow(resKobe,code):
    # 解析 html 页面
    soup = BeautifulSoup(resKobe,"html.parser")
    table = soup.find_all(id = 'stat_box_avg')
```

```
    # 设置表头
    header = []
    if code == "season":
        header = ["赛季","出场","首发","时间","投篮","命中","出手","三分",
                  "命中","出手","罚球","命中","出手","篮板","前场","后场",
                  "助攻","抢断","盖帽","失误","犯规","得分","胜","负"]
    if code == "playoff":
        header = ["赛季","出场","时间","投篮","命中","出手","三分","命中",
                  "出手","罚球","命中","出手","篮板","前场","后场","助攻",
                  "抢断","盖帽","失误","犯规","得分","胜","负"]
    if code == "allstar":
        header = ["赛季","首发","时间","投篮","命中","出手","三分","命中",
                  "出手","罚球","命中","出手","篮板","前场","后场","助攻",
                  "抢断","盖帽","失误","犯规","得分"]
    # 解析数据
    rows = [];
    rows.append(header)
    # 找到所有 tr 节点,每行对应一行数据
    for tr in table[0].find_all("tr",class_ = "sort"):
        row = []
        # 找到每行里面的 td 节点,对应一列数据
        for td in tr.find_all("td"):
            rank = td.get("rank")
            if rank != "LAL" and rank != None:
                row.append(td.get_text())
        rows.append(row)
    return rows

# 写入 csv 文件, rows 为数据,dir 为写入文件路径
def writeCsv(rows,dir):
  with open(dir, 'w', encoding = 'utf - 8 - sig', newline = '') as f:
      writer = csv.writer(f)
      writer.writerows(rows)


#常规赛数据
resKobe = getKobeList("season")
rows = getRow(resKobe,"season")
writeCsv(rows,"season.csv")
print("season.csv saved")

#季后赛数据
resKobe = getKobeList("playoff")
rows = getRow(resKobe,"playoff")
writeCsv(rows,"playoff.csv")
print("playoff.csv saved")
```

```
#全明星数据
resKobe = getKobeList("allstar")
rows = getRow(resKobe,"allstar")
writeCsv(rows,"star.csv")
print("star.csv saved")
```

步骤 2：科比职业生涯数据分析

针对不同赛事以及不同时间，绘制科比的职业生涯得分情况，比如，绘制各个赛季科比的篮板数、助攻、得分情况分布，可以在一定程度上反映其在各个赛季的贡献程度。首先定义展示函数 show_score()，传入不同赛事的名称，要展示的项，以及绘制线型等：

```
# 篮板、助攻、得分
def show_score(game_name='season', item='篮板', plot_name='line'):
  # game_name: season, playoff, star
  # item: 篮板,助攻,得分,all(表示绘制前面三者)
  # plot_name: line,bar
  file_name = game_name+'.csv'
  data = pd.read_csv(file_name)
  X= data['赛季'].values.tolist()
  X.reverse()
  if item=='all':
    Y1 = data['篮板'].values.tolist()
    Y2 = data['助攻'].values.tolist()
    Y3 = data['得分'].values.tolist()
    Y1.reverse()
    Y2.reverse()
    Y3.reverse()
  else:
    Y = data[item].values.tolist()
    Y.reverse()

  if plot_name=='line':
    if item=='all':
      plt.plot(X,Y1,c='r',linestyle="-.")
      plt.plot(X,Y2,c='g',linestyle="--")
      plt.plot(X,Y3,c='b',linestyle="-")
      legend=['篮板','助攻','得分']
    else:
      plt.plot(X,Y,c='g',linestyle="-")
      legend=[item]
  elif plot_name=='bar':
    # facecolor:表面的颜色;edgecolor:边框的颜色
    if item=='all':
      fig = plt.figure(figsize=(15,5))
      ax1 = plt.subplot(131)
      plt.bar(X,Y1,facecolor = '#9999ff',edgecolor = 'white')
```

```
            plt.legend(['篮板'])
            plt.title('Kobe 职业生涯数据分析：' + game_name)
            plt.xticks(rotation = 60)
            plt.ylabel('篮板')

            ax2 = plt.subplot(132)
            plt.bar(X,Y2,facecolor = '#999900',edgecolor = 'white')
            plt.legend(['助攻'])
            plt.title('Kobe 职业生涯数据分析：' + game_name)
            plt.xticks(rotation = 60)
            plt.ylabel('助攻')

            ax3 = plt.subplot(133)
            plt.bar(X,Y3,facecolor = '#9988ff',edgecolor = 'white')
            legend = ['得分']
        else:
            plt.bar(X,Y,facecolor = '#9900ff',edgecolor = 'white')
            legend = [item]
    else:
        return

    plt.legend(legend)
    plt.title('Kobe 职业生涯数据分析：' + game_name)
    plt.xticks(rotation = 60)
    plt.xlabel('赛季')
    if item!= 'all':
        plt.ylabel(item)
    else:
        plt.ylabel('得分')
    plt.savefig('work/Kobe 职业生涯数据分析
                    _{}_{}.png'.format(game_name,item))
    plt.show()
```

根据上面定义的绘图函数，绘制 Kobe 在各种赛事中的相关数据图示：

```
# 篮板、助攻、得分
for game_name in ['season','playoff','star']:
    show_score(game_name = game_name, item = '篮板', plot_name = 'bar')
    show_score(game_name = game_name, item = '助攻', plot_name = 'bar')
    show_score(game_name = game_name, item = '得分', plot_name = 'bar')
    show_score(game_name = game_name, item = '篮板', plot_name = 'line')
    show_score(game_name = game_name, item = '助攻', plot_name = 'line')
    show_score(game_name = game_name, item = '得分', plot_name = 'line')
    show_score(game_name = game_name, item = 'all', plot_name = 'bar')
    show_score(game_name = game_name, item = 'all', plot_name = 'line')
# 输入部分结果如图 2-16 至图 2-18 所示
```

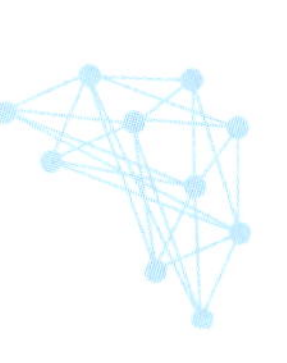

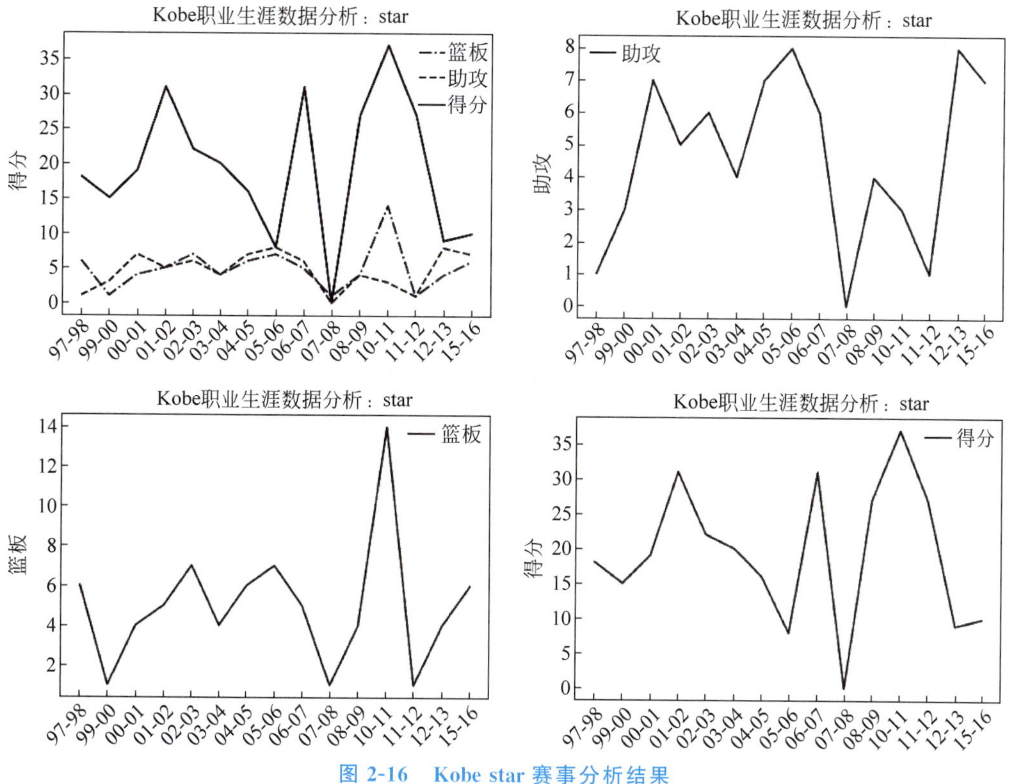

图 2-16　Kobe star 赛事分析结果

Kobe职业生涯数据分析：season

篮板 助攻 得分

Kobe职业生涯数据分析：season

助攻

Kobe职业生涯数据分析：season

篮板

Kobe职业生涯数据分析：season

得分

图 2-17　Kobe season 赛事分析结果

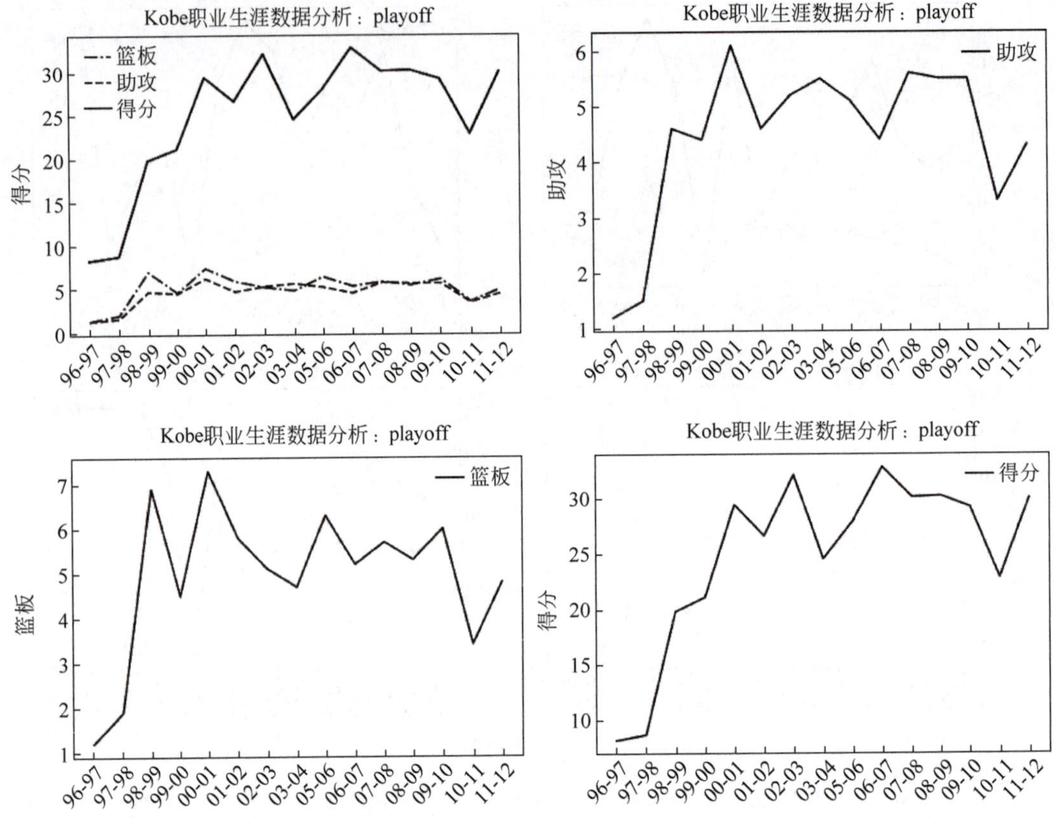

图 2-18　Kobe playoff 赛事分析结果

第 3 章　机器学习基础实践

机器学习是人工智能领域内的一个重要分支,旨在通过计算的手段,利用经验来改善计算机系统的性能,通常,这里的经验即历史数据。从大量的数据中抽象出一个算法模型,然后将新数据输入到模型中,得到模型对其的判断(例如类型、预测实数值等),也就是说,机器学习是一门主要研究学习算法的学科。

实践八:基于线性回归实现房价预测

回归算法是机器学习领域一个非常经典的学习算法,主要用于对输入自变量产生一个对应的输出因变量值,通常,因变量为实数范围内的数值类型数据,形式上,对于一个点集,用一条曲线去拟合其分布的过程,就叫作回归。而线性回归算法是指自变量之间通过一个线性组合便可得到因变量的预测结果的算法,是回归算法中最为简单的一种,对于一些线性可分的数据集,可以尝试使用线性回归模型进行建模。

线性回归算法的表达形式为 $\boldsymbol{y}=\boldsymbol{w}^{\mathrm{T}}\boldsymbol{x}+\boldsymbol{b}$,$\boldsymbol{w}$ 即为所学习的参数,$\boldsymbol{x}$、$\boldsymbol{y}$ 分别为自变量与因变量,在机器学习任务中,称之为输入特征与输出结果。回归任务最常用的性能度量方式为均方误差,即计算真实值与预测值之间的差平方的均值,也就是真实值与预测值之间的欧氏距离,最小化该值可以使预测误差尽可能小,并且对均方误差值的优化是一个凸优化过程(二次损失函数,可以求得最小值),可以使用最小二乘法对模型进行求解,使得所有样本到所拟合曲线上的距离之和最小。

本书就简单的线性回归模型进行代码演示,在波士顿房价数据集上进行线性建模,对于模型未见过的数据,使用建模的线性回归模型预测其房价,该建模过程主要分为以下四个步骤:数据加载、模型配置、模型训练、模型评估,本次实验平台为百度 AI Studio,实验环境为 Python 3.7,sklearn。

步骤 1:数据加载

(1) 数据集下载:首先,从网络中获取开源波士顿房价数据集。该数据集包含 506 条数据,每条数据包含 13 个输入变量和 1 个输出变量,输入变量包含房屋以及房屋周围的详细信息,例如:城镇犯罪率,一氧化氮浓度,住宅平均房间数,到中心区域的加权距离以及自住房平均房价等。在 AI Studio 项目 Notebook 页面的代码模块输入下列命令,即可获得该数据集:

```
!wget https://archive.ics.uci.edu/ml/machine-learning-databases/housing/housing.data -O housing.data
```

(2) 数据预处理：对于下载的数据集，由于该数据集中原始的特征尺度不一，因此首先需要对原始数据进行归一化操作，方可进行后续的模型训练，本实验将每一个特征值进行如下归一化处理：(原始值-该特征均值)/(该特征最大值-该特征最小值)，归一化后，将其切分为训练集与测试集两个子集：

```
# 加载相关包
import numpy as np
import os
import matplotlib
import matplotlib.pyplot as plt
import pandas as pd
from sklearn import linear_model

# 从文件导入数据
datafile = './housing.data'
housing_data = np.fromfile(datafile, sep=' ')
feature_names = ['CRIM', 'ZN', 'INDUS', 'CHAS', 'NOX', 'RM', 'AGE','DIS', 'RAD', 'TAX', 'PTRATIO',
                 'B', 'LSTAT', 'MEDV']
feature_num = len(feature_names)
# 将原始数据进行 Reshape,变成[N, 14]这样的形状
housing_data = housing_data.reshape([housing_data.shape[0] // feature_num, feature_num])
print(housing_data[:2])
# 输出数据格式如图 3-1 所示
```

```
[[6.3200e-03 1.8000e+01 2.3100e+00 0.0000e+00 5.3800e-01 6.5750e+00
  6.5200e+01 4.0900e+00 1.0000e+00 2.9600e+02 1.5300e+01 3.9690e+02
  4.9800e+00 2.4000e+01]
 [2.7310e-02 0.0000e+00 7.0700e+00 0.0000e+00 4.6900e-01 6.4210e+00
  7.8900e+01 4.9671e+00 2.0000e+00 2.4200e+02 1.7800e+01 3.9690e+02
  9.1400e+00 2.1600e+01]]
```

图 3-1 波士顿房价原始数据格式

```
# 定义归一化操作：取最大、最小、均值操作
features_max = housing_data.max(axis=0)
features_min = housing_data.min(axis=0)
features_avg = housing_data.sum(axis=0) / housing_data.shape[0]

# 归一化函数
def feature_norm(input):
  f_size = input.shape
  output_features = np.zeros(f_size, np.float32)
  for batch_id in range(f_size[0]):
    for index in range(13):
      output_features[batch_id][index] = (input[batch_id][index] - features_avg[index]) /
(features_max[index] - features_min[index])
  return output_features

# 调用归一化函数
housing_features = feature_norm(housing_data[:, :13])
```

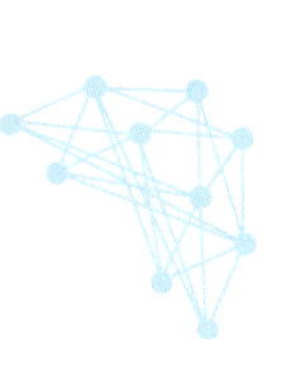

```
# 拼接特征与标签值
housing_data = np.c_[housing_features, housing_data[:-1]].astype(np.float32)
# 将数据集按照 8:2 的比例分为训练集和测试集
ratio = 0.8
offset = int(housing_data.shape[0] * ratio)
train_data = housing_data[:offset]
test_data = housing_data[offset:]
print(train_data[:2])
# 归一化后的数据如图 3-2 所示
```

```
[[-0.0405441   0.06636363 -0.32356226 -0.06916996 -0.03435197  0.05563625
  -0.03475696  0.02682186 -0.37171334 -0.21419305 -0.33569506  0.10143217
  -0.21172912 24.        ]
 [-0.04030818 -0.11363637 -0.14907546 -0.06916996 -0.17632729  0.02612869
   0.10633469  0.1065807  -0.3282351  -0.31724647 -0.06973761  0.10143217
  -0.09693883 21.6       ]]
```

图 3-2　波士顿房价归一化数据

步骤 2：模型配置

本实验使用 sklearn.linear_model.LinearRegression 类实现线性回归：

```
# 实例化模型函数
def Model():
  model = linear_model.LinearRegression()
  return model
# 拟合函数
def train(model,x,y):
    model.fit(x,y)
```

步骤 3：模型训练

首先将训练集的特征值与回归值分开，然后实例化模型，调用 fit()函数训练模型：

```
# 将训练集的特征与回归值分开
x,y = train_data[:,:13],train_data[:,-1:]
model = Model()                          # 实例化一个模型
train(model,x,y)                         # 在训练数据上拟合模型
```

步骤 4：模型评估

模型训练结束后，根据训练好的模型，在测试数据上进行评估。理想状态下，模型的预测值与真实值相等，即 $y'=y$，即两者应该在直线 $y=x$ 上分布，绘制图像，观察预测值与真实值与 $y=x$ 直线的分布差异，可直观判断线性回归模型的性能：

```
# 定义函数绘制预测值与真实值的分布
def draw_infer_result(ground_truths,infer_results):
  title='Boston'
  plt.title(title, fontsize=24)
```

```
    x = np.arange(1,40)
    y = x
    plt.plot(x, y)
    plt.xlabel('ground truth', fontsize = 14)
    plt.ylabel('infer result', fontsize = 14)
    plt.scatter(ground_truths, infer_results,color = 'green',label = 'training cost')
    plt.grid()
    plt.show()
# 测试数据特征值与回归值切分
x_test,y_test = test_data[:,:13],test_data[:, -1:]
# 预测
predict = model.predict(x_test)
# 绘制对比图
draw_infer_result(y_test,predict)
# 对比图输出如图 3-3 所示
```

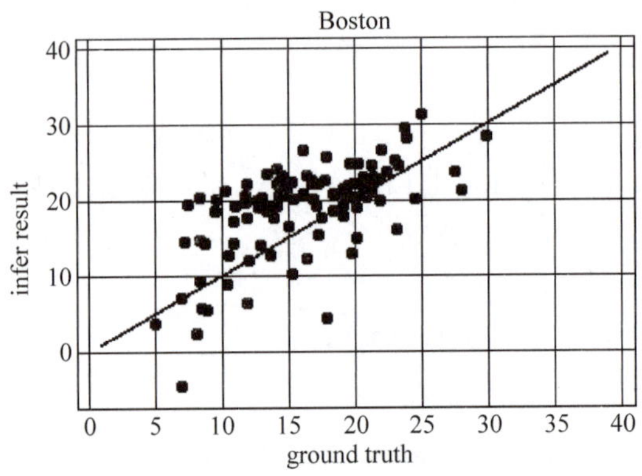

图 3-3　线性回归真实值与预测值分布结果

线性回归算法只能处理线性可分的数据，对于线性不可分数据，需要使用对数线性回归、广义线性回归或者其他回归算法，感兴趣的读者可以自行查阅资料学习。

实践九：基于逻辑回归模型实现手写数字识别

逻辑回归是线性回归的一个变体版本，即建模函数 $\ln\frac{y}{1-y}=\boldsymbol{w}^{\mathrm{T}}\boldsymbol{x}-\boldsymbol{b}$，此处，$y$ 为样本 x 作为正样本的可能性，$1-y$ 为其为负样本的可能性，两者的比值$\frac{y}{1-y}$称为几率，反映了 x 作为正样本的相对可能性，因此，逻辑回归又称作对数几率回归。

逻辑回归虽然称作回归，但实际上是一种分类学习算法，无需事先假设数据的分布即可进行建模，避免了先验假设分布偏差带来的影响，并且得到的是近似概率预测，对需要概率结果辅助决策的任务十分友好。逻辑回归使用极大似然估计进行参数学习，即最大化模型的对数似然值，使得每个样本属于真实标签的概率越大越好，该优化目标可以通过牛顿法、梯度下降法等求得最优解。

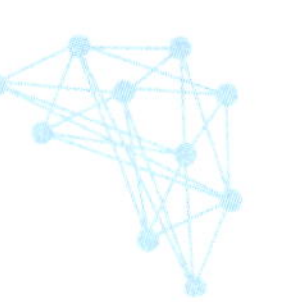

sklearn 是 Python 的一个机器学习库，它有比较完整的监督学习与非监督学习的算法实现，本节将利用 sklearn 中的逻辑回归算法，实现 MNIST 手写数字识别，本次实验平台为百度 AI Studio，实验环境为 Python 3.7。

步骤 1：数据集加载及预处理

MNIST 数据集来自美国国家标准与技术研究所，训练集由来自 250 个不同人手写的数字构成，其中 50%是高中学生，50%为人口普查局的工作人员，测试集也包含同样比例人群的手写数字图片。由于数据集存储格式为二进制，因此在读取时需要逐字节进行解析。首先将数据集挂在到当前工作空间下，然后解压(在 AI Studio 可编辑 Notebook 界面中，若要执行 Linux 命令，只需在命令前加“!”即可)，读取图片数据：

```
!unzip data/data7869/mnist.zip
!gzip -dfq mnist/train-labels-idx1-ubyte.gz
!gzip -dfq mnist/t10k-labels-idx1-ubyte.gz
!gzip -dfq mnist/train-images-idx3-ubyte.gz
!gzip -dfq mnist/t10k-images-idx3-ubyte.gz

# 导入相关包
import struct,os
import numpy as np
from array import array as pyarray
from numpy import append, array, int8, uint8, zeros
from sklearn.metrics import accuracy_score,classification_report
import matplotlib.pyplot as plt

# 定义加载 MNIST 数据集的函数
def load_mnist(image_file, label_file, path="mnist"):
    digits=np.arange(10)

    fname_image = os.path.join(path, image_file)
    fname_label = os.path.join(path, label_file)

    flbl = open(fname_label, 'rb')                         # 读取标签文件
    magic_nr, size = struct.unpack(">II", flbl.read(8))
    lbl = pyarray("b", flbl.read())
    flbl.close()

    fimg = open(fname_image, 'rb')                         # 读取图片文件
    magic_nr, size, rows, cols = struct.unpack(">IIII", fimg.read(16))
    img = pyarray("B", fimg.read())
    fimg.close()

    ind = [ k for k in range(size) if lbl[k] in digits ]
    N = len(ind)

    images = zeros((N, rows*cols), dtype=uint8)
    labels = zeros((N, 1), dtype=int8)
```

```
    for i in range(len(ind)):                             # 将图片转换为像素矩阵格式
        images[i] = array(img[ ind[i] * rows * cols : (ind[i] + 1) * rows * cols ]).reshape((1, rows
                            * cols))
        labels[i] = lbl[ind[i]]

        return images, labels

# 定义图片展示函数
def show_image(imgdata, imgtarget, show_column, show_row):
    # 注意这里的 show_column * show_row == len(imgdata)
    for index,(im,it) in enumerate(list(zip(imgdata,imgtarget))):
        xx = im.reshape(28,28)
        plt.subplots_adjust(left = 1, bottom = None, right = 3, top = 2, wspace = None, hspace = None)
        plt.subplot(show_row, show_column, index + 1)
        plt.axis('off')
        plt.imshow(xx , cmap = 'gray',interpolation = 'nearest')
        plt.title('label: %i' % it)

# 调用函数,加载训练集数据
train_image, train_label = load_mnist("train - images - idx3 - ubyte", "train - labels - idx1 -
                           ubyte")
# 调用函数,加载测试集数据
test_image, test_label = load_mnist("t10k - images - idx3 - ubyte", "t10k - labels - idx1 -
                         ubyte")
# 显示训练集前 50 数字
show_image(train_image[:50], train_label[:50], 10,5)
# 灰度图展示如图 3-4 所示
```

图 3-4 MINST 手写数字

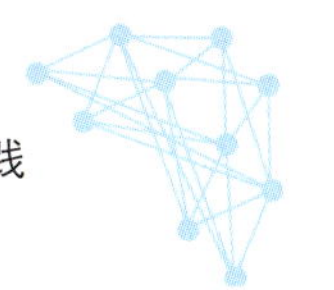

步骤 2：模型定义

此处直接将 sklearn. linear_model 中的 LogisticRegression 导入即可，注意，虽然逻辑回归并没有直接建模输出 $\boldsymbol{y}$ 与输入特征 $\boldsymbol{x}$ 之间的映射关系，但它本质上是线性回归算法的一种变体，且回归参数 $\boldsymbol{w}$ 对于输入特征而言仍是线性的，因此也属于线性模型的范畴。

```
# 导入 LogisticRegression 类
from sklearn.linear_model import LogisticRegression
# 实例化 LogisticRegression 类
lr = LogisticRegression()
```

步骤 3：模型学习

由于图片数据的像素值取值范围为 0～255，过大的计算值可能导致计算结果非常大，或者梯度变化剧烈，因此不利于模型的学习与收敛。为避免上述情况出现，首先需要对训练数据做预处理，也就是尺度缩放，比如对每个像素值都除以其最大像素值 255，将所有像素值压缩到 0～1 的范围内，然后再进行学习。

```
# 数据缩放
train_image = [im/255.0 for im in train_image]
# 训练模型
lr.fit(train_image,train_label)
```

步骤 4：模型验证

模型训练结束后，可在验证集或测试集上测试其性能，对于分类任务，最常见的评价指标包括准确率(Accuracy)、精确率(Precision)、召回率(Recall)、F1 值(F1-Score)等，其中，精确率反映正样本的判断准确率，召回率反映正样本中被实际识别的样本比例，而 F 值则是精确率与召回率的折中，在各类型样本数量不均衡时，该指标可以很好地反映模型的性能。

```
# 数据缩放
test_image = [im/255.0 for im in test_image]
# 测试集结果预测
predict = lr.predict(test_image)
# 打印准确率及各分类评价指标
print("accuracy_score: %.4lf" % accuracy_score(predict,test_label))
print("Classification report for classifier %s:\n%s\n" % (lr, classification_report(test_
label, predict)))
# 各指标输出如图 3-5 所示
```

```
accuracy_score: 0.9257
Classification report for classifier LogisticRegression
              precision    recall  f1-score   support

           0       0.95      0.98      0.96       980
           1       0.96      0.98      0.97      1135
           2       0.93      0.90      0.91      1032
           3       0.90      0.91      0.91      1010
           4       0.94      0.93      0.93       982
           5       0.91      0.88      0.89       892
           6       0.94      0.95      0.94       958
           7       0.94      0.92      0.93      1028
           8       0.87      0.88      0.88       974
           9       0.91      0.92      0.91      1009

    accuracy                           0.93     10000
   macro avg       0.92      0.92      0.92     10000
weighted avg       0.93      0.93      0.93     10000
```

图 3-5 逻辑回归手写数字识别结果

实践十：基于朴素贝叶斯实现文本分类

贝叶斯分类算法是以贝叶斯定理为基础的一系列分类算法，包含朴素贝叶斯算法与树增强型朴素贝叶斯算法，朴素贝叶斯算法是最简单但是十分高效的贝叶斯分类算法，因为其假设输入特征之间相互独立，因此得名“朴素”。

在文本分类中，根据贝叶斯定理 $P(c|d)=\frac{P(d|c)\cdot P(c)}{P(d)}$，文档 d 属于类型 c 的概率等于文档 d 对类型 c 的条件概率乘以类型 c 的出现概率，再除以文档 d 的出现概率，取概率最大的类型作为文本的判别类型，可形式化为 $y'=\underset{c\in C}{\operatorname{argmax}}\frac{P(d|c)P(c)}{P(d)}$，其中同一文档计算概率大小时，$P(d)$ 相同，故可省略，因此 $y'=\underset{c\in C}{\operatorname{argmax}}P(d|c)P(c)$，假设文档的特征为 $d=(x_1,x_2,x_3,\cdots,x_n)$，根据朴素贝叶斯的核心思想，各变量之间相互独立，则有 $P(d|c)=P(x_1|c)P(x_2|c)P(x_3|c)\cdots P(x_n|c)$，因此，最终的分类结果变为：$y'=\underset{c\in C}{\operatorname{argmax}}P(x_1|c)P(x_2|c)P(x_3|c)\cdots P(x_n|c)P(c)=\underset{c\in C}{\operatorname{argmax}}P(c)\prod_{x\in d}P(x|d)$。根据上述观察，只需在全局数据集上统计 $P(c)$ 以及 $P(x|c)$，便可轻松获得文本的类型。

本节依旧使用 sklearn 包中封装好的朴素贝叶斯算法，实现文本分类，本次实验平台为百度 AI Studio，实验环境为 Python 3.7。

步骤 1：数据集简介

本实验采用的数据集为网上公开的从中文新闻网站上爬取 56 821 条新闻摘要数据，数据集中包含 10 个类型(各类型数据量统计如表 3-1 所示)，本次实验将其中 90%作为训练集，10%作为验证集。

表 3-1 新闻数据集样本数统计

国际	4354	汽车	7469
文化	5110	教育	8066
娱乐	6043	科技	6017
体育	4818	证券	3654
财经	7432	房产	3858

步骤 2：文本数据预处理

文本数据由于其自然语言形式，无法直接输入到计算机进行处理，需要对齐进行自然语言到数字的转化。本实验最终将文本表示为 one-hot 形式，即，对于给定词表，若文本中出现了词表中的词，则将与词表大小相同的向量中该词对应的位置置为 1，否则为 0。因此，需要在全局语料上构建一个词表，首先使用 jieba 分词对语料进行分词，为了不使词表过大造成过度复杂的计算，本实验只采样一定数量的高频词作为词表集合，同时，为了避免一些高频无意义的词干扰文本表示，在构建词表时，首先也会将上述高频无意义的停用词去除。

```
# 导入必要的包
import random
import jieba                                    # 处理中文
from sklearn import model_selection
from sklearn.naive_bayes import MultinomialNB
from sklearn.metrics import accuracy_score,classification_report
import re,string
```

首先，加载文本，过滤其中的特殊字符：

```
# jieba 分词,将文本转换为词列表
def text_to_words(file_path):
  sentences_arr = []
  lab_arr = []
  with open(file_path,'r',encoding='utf8') as f:
    for line in f.readlines():
      lab_arr.append(line.split('_!_')[1]) # 文本所属标签
      sentence = line.split('_!_')[-1].strip()
          # 去除标点符号
      sentence = re.sub("[\s+\.\!\/_,$%^*(+\"\')]+|[+——()?【】“”!,。?、~@#¥%
                    …&*()《》:]+", "",sentence)
      sentence = jieba.lcut(sentence, cut_all=False)
      sentences_arr.append(sentence)
    return sentences_arr, lab_arr
```

加载停用词表，对文本词频进行统计，过滤掉停用词及词频较低的词，构建词表：

```
# 加载停用词表
def load_stopwords(file_path):
  stopwords = [line.strip() for line in open(file_path, encoding='UTF-8').readlines()]
    return stopwords
```

```
# 词频统计
def get_dict(sentences_arr,stopswords):
    word_dic = {}
    for sentence in sentences_arr:
        for word in sentence:
            if word != ' ' and word.isalpha():
                if word not in stopswords:              # 停用词处理
                    word_dic[word] = word_dic.get(word,1) + 1
        # 按词频序排列
        word_dic = sorted(word_dic.items(),key = lambda x:x[1],reverse = True)
        return word_dic

# 构建词表,过滤掉频率低于 word_num 的单词
def get_feature_words(word_dic,word_num):
    '''
从词典中选取 N 个特征词,形成特征词列表。
    return: 特征词列表
    '''
    n = 0
    feature_words = []
    for word in word_dic:
        if n < word_num:
            feature_words.append(word[0])
        n += 1
    return feature_words

# 文本特征表示
def get_text_features(train_data_list, test_data_list, feature_words):
    # 根据特征词,将数据集中的句子转换为特征向量
    def text_features(text, feature_words):
    text_words = set(text)
    features = [1 if word in text_words else 0 for word in feature_words]
    return features # 返回特征
  train_feature_list = [text_features(text, feature_words) for text in train_data_list]
  test_feature_list = [text_features(text, feature_words) for text in test_data_list]
    return train_feature_list, test_feature_list

# 调用上述函数,完成词表构建
sentences_arr, lab_arr = text_to_words('data/data6826/news_classify_data.txt')
#加载停用词
stopwords = load_stopwords('data/data43470/stopwords_cn.txt')
# 生成词典
word_dic = get_dict(sentences_arr,stopwords)
#生成特征词列表,此处使用词维度为 10000
feature_words = get_feature_words(word_dic,10000)
```

切分数据集,并将文本数据转换为固定长度的 id 向量:

```
#数据集划分
```

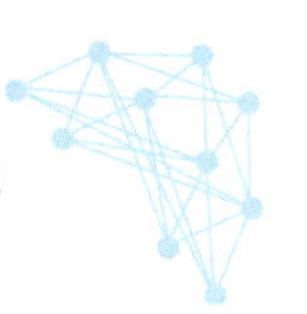

```
train_data_list, test_data_list, train_class_list, test_class_list = model_selection.train_
test_split(sentences_arr,lab_arr, test_size=0.1)
#生成特征向量
train_feature_list,test_feature_list = get_text_features(train_data_list,test_data_list,
feature_words)
```

步骤 3：模型定义与训练

上述概率计算中，可能存在某一个单词在某个类型中从来没有出现过，即某个属性的条件概率为 0($P(x|c)=0$)，此时会导致整体概率为零，为了避免这种情况出现，引入拉普拉斯平滑参数，将条件概率为 0 的属性的概率设定为固定值，具体的，对每个类型下所有单词的计数加 1，当训练样本集数量充分大时，并不会对结果产生影响。下面调用接口的参数中，alpha 为 1 时，表示使用拉普拉斯平滑方式，若设置为 0，则不使用平滑；fit_prior 代表是否学习先验概率 $P(Y=c)$，如果设置为 False，则所有的样本类别输出都有相同的类别先验概率；class_prior 为各类型的先验概率，如果没有给出具体的先验概率则自动根据数据来进行计算。

```
# 获取朴素贝叶斯分类器
classifier = MultinomialNB(alpha=1.0,         # 拉普拉斯平滑
                           fit_prior=True,    # 是否要考虑先验概率
                           class_prior=None)

#进行训练
classifier.fit(train_feature_list, train_class_list)
```

步骤 4：模型验证

模型训练结束后，可使用验证集测试模型的性能，同上一小节，输出准确率的同时，对各个类型的精确率、召回率以及 F1 值也进行输出。

```
# 在验证集上进行验证
test_accuracy = classifier.score(test_feature_list, test_class_list)
print(test_accuracy)
predict = classifier.predict(test_feature_list)
print(classification_report(test_class_list, predict))
# 输出结果如图 3-6 所示
```

步骤 5：模型预测

使用上述训练好的模型，对任意给定的文本数据，可进行预测，观察模型的泛化性能。

```
# 加载句子,对句子进行预处理：去除标点、分词
def load_sentence(sentence):
    # 去除标点符号
    sentence = re.sub("[\s+\.\!\/_,$%^*(+\"\')]+|[+——()?【】“”!,。?、~@#￥%…&*()
                   《》: ]+", "",sentence)
    sentence = jieba.lcut(sentence, cut_all=False)
```

```
accuracy_score: 0.7700
Classification report for classifier:
              precision    recall  f1-score   support

           0       0.73      0.70      0.72       522
           1       0.74      0.86      0.79       558
           2       0.89      0.82      0.86       504
           3       0.64      0.66      0.65       784
           4       0.82      0.79      0.81       371
           5       0.85      0.85      0.85       733
           6       0.82      0.83      0.83       847
           7       0.71      0.69      0.70       572
           8       0.78      0.66      0.72       433
           9       0.76      0.81      0.78       359

    accuracy                           0.77      5683
   macro avg       0.77      0.77      0.77      5683
weighted avg       0.77      0.77      0.77      5683
```

图 3-6　朴素贝叶斯文本分类结果

```
    return sentence

lab = [ '文化', '娱乐', '体育', '财经','房产', '汽车', '教育', '科技', '国际', '证券']

p_data = '【中国稳健前行】应对风险挑战必须发挥制度优势'
sentence = load_sentence(p_data)
sentence = [sentence]
print('分词结果:', sentence)
#形成特征向量
p_words = get_text_features(sentence,sentence,feature_words)
res = classifier.predict(p_words[0])
print(lab[int(res)])
# 输出结果如图 3-7 所示
```

```
分词结果: [['中国', '稳健', '前行', '应对', '风险', '挑战', '必须', '发挥', '制度', '优势']]
所属类型:  财经
```

图 3-7　文本分类预测结果

实践十一：基于支持向量机实现鸢尾花分类

支持向量机(SVM)是机器学习中经典的分类算法，主要思想为最大化不同类型的样本到分类超平面之间的距离和。当数据完全线性可分时，得到的最大间隔是硬间隔，即两个平行的超平面(间隔带)之间不存在样本点；当数据部分线性可分时，两个超平面之间允许存在一些样本点，此时得到的最大间隔平面是软间隔平面。对于完全线性不可分的数据，一般的支持向量机算法无法满足要求，但是适当使用核技巧，将非线性样本特征映射到高维线性可分空间，然后便可应用支持向量机进行分类，此时的支持向量机称为非线性支持向量机，常用的核技巧包括：线性核函数、多项式核函数、高斯核函数(径向基函数)，其中，高斯核函

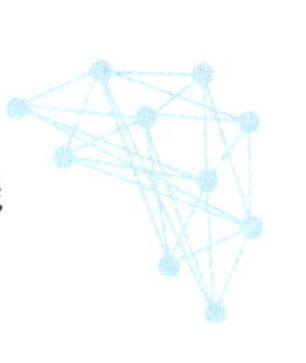

数需要进行调参，即核变换的带宽，它控制径向作用范围。

本节仍旧使用 sklearn 中封装好的支持向量机算法，实现鸢尾花分类，并绘制分类超平面，可视化分类效果。本次实验平台为百度 AI Studio，实验环境为 Python 3.7。

步骤 1：数据集加载

在实践九中，本书直接从 sklearn. datasets 中加载集成的数据集，现在采用另一种数据加载方式，从挂载在当前目录下的数据集文件中读取数据，用于训练。

```
# 加载相关包
import numpy as np
from matplotlib import colors
from sklearn import svm
from sklearn import model_selection
import matplotlib.pyplot as plt
import matplotlib as mpl

# 将字符串转换为整型
def iris_type(s):
  it = {b'Iris-setosa':0, b'Iris-versicolor':1, b'Iris-virginica':2}
  return it[s]

# 加载数据
data = np.loadtxt('/home/aistudio/data/data2301/iris.data',
                    dtype=float,                          # 数据类型
            delimiter=',',                                # 数据分割符
            converters={4:iris_type})                     # 将标签用 iris_type 进行转换
# 数据分割,将样本特征与样本标签进行分割
x, y = np.split(data, (4, ), axis=1)
x = x[:, :2]                                              # 取前两个特征进行分类
# 调用 model_selection 函数进行训练集、测试集切分
x_train, x_test, y_train, y_test = model_selection.train_test_split(x, y, random_state=1,
test_size=0.2)
```

步骤 2：模型配置及训练

sklearn. svm. SVC()函数提供多个可配置参数，其中，C 为错误项的惩罚系数。C 越大，对训练集错误项的惩罚越大。模型在训练集上的准确率越高，越容易过拟合。C 越小，越允许训练样本中有一些误分类错误样本，泛化能力强。对于训练样本带有噪声的情况，一般采用较小的 C，把训练样本集中错误分类的样本作为噪声；Kernel 为采用的核函数，默认为线性核，可选的为 linear/poly/rbf/sigmoid/precomputed，decision_function_shape 为 ovr，一对多分类决策函数。

```
# SVM 分类器构建
def classifier():
  clf = svm.SVC(C=0.8,                                    # 误差项惩罚系数
           kernel='linear',
```

```
            decision_function_shape = 'ovr')          # 决策函数
    return clf

# 训练模型函数
def train(clf, x_train, y_train):
    clf.fit(x_train, y_train.ravel())                 # 训练集特征向量和 训练集目标值

# SVM 模型定义
clf = classifier()
# 调用函数训练模型
train(clf, x_train, y_train)
```

步骤 3：模型验证

在划分好的测试集上测试模型的准确率，使用两种方法计算模型预测结果的准确率：自定义方法 show_accuracy()以及 sklearn 中机器学习模型封装好的方法 score()，验证两者的一致性，并且输出样本 x 到各个决策超平面的距离，选择正的最大值对应的类型作为分类结果。

```
# 自定义准确率计算方法
def show_accuracy(a, b, tip):
    acc = a.ravel() == b.ravel()
    print('%s Accuracy: %.3f' % (tip, np.mean(acc)))

# 调用两种准确率计算方法，输出对比
def print_accuracy(clf, x_train, y_train, x_test, y_test):
    # 输出封装函数 score()的结果
    print('training prediction: %.3f' % (clf.score(x_train, y_train)))
    print('test data prediction: %.3f' % (clf.score(x_test, y_test)))
    # 输出自定义方法准确率计算结果
    show_accuracy(clf.predict(x_train), y_train, 'traing data')
    show_accuracy(clf.predict(x_test), y_test, 'testing data')
    # 计算决策函数的值，表示 x 到各个分割平面的距离
    print('decision_function:\n', clf.decision_function(x_train)[:2])

# 模型评估：调用 print_accuracy()函数
print_accuracy(clf, x_train, y_train, x_test, y_test)
# 输出结果如图 3-8 所示
```

```
training prediction:0.808
test data prediction:0.767
traing data Accuracy:0.808
testing data Accuracy:0.767
decision_function:
 [[-0.24991711  1.2042151   2.19527349]
 [-0.30144975  1.25525744  2.28694265]]
```

图 3-8　SVM 鸢尾花分类结果

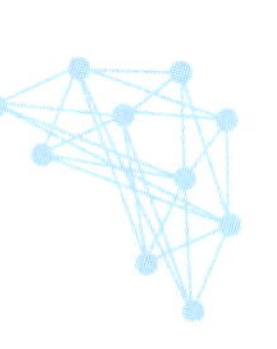

步骤 4：模型可视化展示

若要绘制各个类型对应的空间区域，需要采样大量的样本点，但是本数据集仅包含 150 条数据，绘制的区域不太精细，因此，需要生成大规模的样本数据，根据生成的数据进行分类区域的绘制，过程如下(本实验采用样本的前两维特征进行分类)：首先在各维特征的最大值与最小值区间内进行采样，生成行相同矩阵(矩阵每行向量中各元素值都相同)与列相同矩阵(矩阵每列向量中各元素值都相同)，然后将两矩阵拉平为两个长向量，两个长向量每个元素分别作为样本的第一个特征与第二个特征，使用训练好的 SVM 模型对生成的样本点进行预测，将生成的样本点使用不同的颜色散落在坐标空间中，当样本点足够多时，分类边界便会显示地更加精细。其中，生成的辅助绘图的样本点及其预测结果如图 3-9 所示，我们取前两个样点进行展示，最终绘制的可视化展示结果如图 3-10 所示。

```
def draw(clf, x):
  iris_feature = 'sepal length', 'sepal width', 'petal length', 'petal width'
  # 获取第 1、2 维特征的最大值与最小值
  x1_min, x1_max = x[:, 0].min(), x[:, 0].max()
  x2_min, x2_max = x[:, 1].min(), x[:, 1].max()
  # 生成网格采样点
  x1, x2 = np.mgrid[x1_min:x1_max:200j, x2_min:x2_max:200j]
  # 生成样本点
  grid_test = np.stack((x1.flat, x2.flat), axis = 1)
  print('grid_test:\n', grid_test[:2])
  # 计算样本到决策面的距离
  z = clf.decision_function(grid_test)
  print('the distance to decision plane:\n', z[:2])
  grid_hat = clf.predict(grid_test)
  # 预测分类值：得到[0, 0, …, 2, 2]
  print('grid_hat:\n', grid_hat[:2])
  # 使得 grid_hat 和 x1 形状一致
  grid_hat = grid_hat.reshape(x1.shape)
  cm_light = mpl.colors.ListedColormap(['#A0FFA0', '#FFA0A0', '#A0A0FF'])
   cm_dark = mpl.colors.ListedColormap(['g', 'b', 'r'])
   # 绘制分类区域：能够直观表现出分类边界
  plt.pcolormesh(x1, x2, grid_hat, cmap = cm_light)
  # 训练集与测试集数据：散点图
  plt.scatter(x[:, 0], x[:, 1], c = np.squeeze(y), edgecolor = 'k', s = 50, cmap = cm_dark )
  plt.scatter(x_test[:, 0], x_test[:, 1], s = 120, facecolor = 'none', zorder = 10)
  plt.xlabel(iris_feature[0], fontsize = 20) # 注意单词的拼写 label
  plt.ylabel(iris_feature[1], fontsize = 20)
  plt.xlim(x1_min, x1_max)
  plt.ylim(x2_min, x2_max)
  plt.title('Iris data classification via SVM', fontsize = 30)
  plt.grid()
  plt.show()
draw(clf, x)
```

```
grid_test:
 [[4.3        2.        ]
 [4.3        2.0120603]]
the distance to decision plane:
 [[ 1.15418548  2.24935988 -0.26432263]
 [ 1.15805875  2.2485129  -0.26434377]]
grid_hat:
 [1. 1.]
```

图 3-9 SVM 鸢尾花分类-预测结果

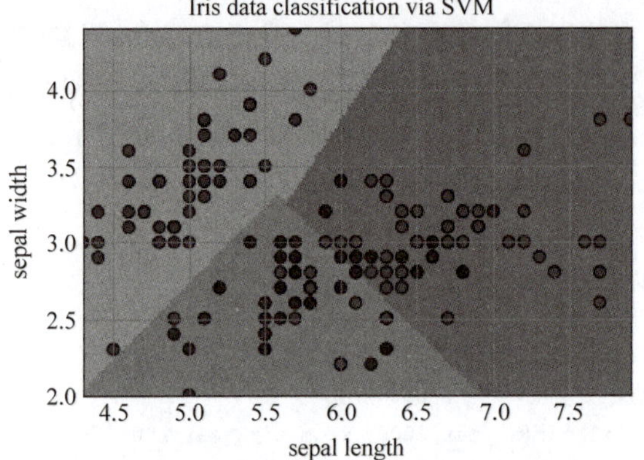

图 3-10 SVM 鸢尾花分类可视化展示

实践十二：基于 K-means 实现鸢尾花聚类

K-means 是一种经典的无监督聚类算法，对于给定的样本集，按照样本之间的距离大小，将样本集划分为 K 个簇，让簇内的点尽量紧密地连在一起，而让簇间的距离尽量大。K-means 的学习过程本质上是不停更新簇心的过程，一旦簇心确定，该算法便完成了学习过程。K 的取值也需要人为定义，K 很大时，模型趋向于在训练集上表现地好，即过拟合，但在测试集上性能可能较差。K 过小时，可能导致簇心不准确，在训练集与测试集上的性能均较差。因此，虽然 K-means 算法较为简单，但是也存在天然的弊端，且对离群点很敏感。

K-means 算法首先随机初始化或随机抽取 K 个样本点作为簇心，然后以这 K 个簇心进行聚类，聚类后重新计算簇心（一般为同一簇内样本的均值），重复上述操作，直至簇心趋于稳定或者达到指定迭代次数时停止迭代。本书使用两种方法实现 K-means 的聚类，前者手动实现，后者通过调用 sklearn 封装好的库快速实现。本次实验平台为百度 AI Studio，实验环境为 Python 3.7。

步骤 1：加载数据集

本书使用鸢尾花数据集进行聚类演示，鸢尾花数据集中包含三种类型，共 150 条数据，每条数据包含 4 项特征：花萼长度、花萼宽度、花瓣长度、花瓣宽度，sklearn.datasets 已经集成了该数据集，因此可直接加载使用：

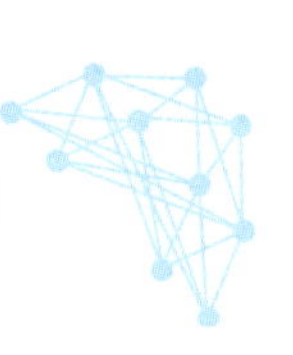

```
# 加载相应的包
import matplotlib.pyplot as plt
import numpy as np
from sklearn.cluster import KMeans
from sklearn import datasets

# 直接从 sklearn 中获取数据集
iris = datasets.load_iris()
X = iris.data[:, :4]                                # 表示取特征空间中的 4 个维度
```

步骤 2：手动实现 K-means

（1）首先定义距离测量标准，本书使用欧氏距离衡量两样本之间的距离，定义如下：

```
# 欧氏距离计算
def distEclud(x,y):
    return np.sqrt(np.sum((x-y)**2))               # 计算欧氏距离
```

（2）定义簇心，此处使用随机抽取的 k 个样本点为簇心，进行后续计算：

```
# 为给定数据集构建一个包含 K 个随机簇心 centroids 的集合
def randCent(dataSet,k):
  m,n = dataSet.shape                              # m = 150,n = 4
  centroids = np.zeros((k,n))                      # k * 4
  for i in range(k):                               # 执行四次
    index = int(np.random.uniform(0,m))            # 产生 0 到 150 的随机数
    centroids[i,:] = dataSet[index,:]              # 把对应行的四个维度赋值到簇心
    return centroids
```

（3）实现 K-means 算法：首先初始化簇心，然后遍历所有点，找到其对应的簇，更新簇心，重复迭代上述过程，直到簇心不再发生变化。

```
# k 均值聚类算法
def KMeans(dataSet, k):
    m = np.shape(dataSet)[0]                       # 样本数
    # np.mat()创建 150 * 2 的矩阵
  # 第一列存每个样本属于哪一簇，第二列存每个样本到簇心的误差
  clusterAssment = np.mat(np.zeros((m,2)))
  clusterChange = True

  # 初始化质心 centroids
  centroids = randCent(dataSet,k)
  while clusterChange:
    # 样本所属簇不再更新时停止迭代
    clusterChange = False
    # 遍历所有的样本
    for i in range(m):
      minDist = 100000.0
      minIndex = -1
      # 遍历所有的簇心
```

```
        # 找出最近的簇心
        for j in range(k):
          # 计算该样本到 k 个簇心的欧式距离
               # 找到距离最近的那个簇心 minIndex
          distance = distEclud(centroids[j,:],dataSet[i,:])
          if distance < minDist:
            minDist = distance
            minIndex = j
        # 更新该行样本所属的簇
        if clusterAssment[i,0] != minIndex:
          clusterChange = True
          clusterAssment[i, :] = minIndex, minDist * * 2
      # 更新簇心
      for j in range(k):
        # 获取对应簇类所有的点
        pointsInCluster = dataSet[np.nonzero(clusterAssment[:, 0].A == j)[0]]
        # 求均值,产生新的质心
        centroids[j, :] = np.mean(pointsInCluster, axis = 0)

      return centroids, clusterAssment
```

(4) 可视化展示函数定义,分别取前两个维度的特征与后两个维度的特征绘图,便于观察聚类效果:

```
def draw(data,center,assment):
  length = len(center)
  fig = plt.figure
  data1 = data[np.nonzero(assment[:,0].A == 0)[0]]
  data2 = data[np.nonzero(assment[:,0].A == 1)[0]]
  data3 = data[np.nonzero(assment[:,0].A == 2)[0]]
  # 选取前两个维度绘制原始数据的散点图
  plt.scatter(data1[:,0],data1[:,1],c = "red",marker = 'o',label = 'label0')
  plt.scatter(data2[:,0],data2[:,1],c = "green", marker = ' * ', label = 'label1')
  plt.scatter(data3[:,0],data3[:,1],c = "blue", marker = ' + ', label = 'label2')
  # 绘制簇的质心点
  for i in range(length):
    plt.annotate('center',xy = (center[i,0],center[i,1]),xytext = \
    (center[i,0] + 1,center[i,1] + 1),arrowprops = dict(facecolor = 'yellow'))
    # plt.annotate('center',xy = (center[i,0],center[i,1]),xytext = \
    # (center[i,0] + 1,center[i,1] + 1),arrowprops = dict(facecolor = 'red'))
  plt.show()

  # 选取后两个维度绘制原始数据的散点图
  plt.scatter(data1[:,2],data1[:,3],c = "red",marker = 'o',label = 'label0')
  plt.scatter(data2[:,2],data2[:,3],c = "green", marker = ' * ', label = 'label1')
  plt.scatter(data3[:,2],data3[:,3],c = "blue", marker = ' + ', label = 'label2')
  # 绘制簇的质心点
  for i in range(length):
    plt.annotate('center',xy = (center[i,2],center[i,3]),xytext = \
    (center[i,2] + 1,center[i,3] + 1),arrowprops = dict(facecolor = 'yellow'))
```

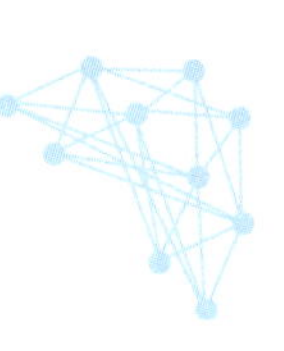

```
plt.show()
```

(5) 执行 K-means 过程，实现鸢尾花数据集的聚类，因为鸢尾花数据集一共包含三种类型，因此此处直接设置 K=3：

```
dataSet = X
k = 3
centroids, clusterAssment = KMeans(dataSet,k)
draw(dataSet, centroids, clusterAssment)
# 可视化结果如下，其中黄色箭头指向簇心，如图 3-11 所示
```

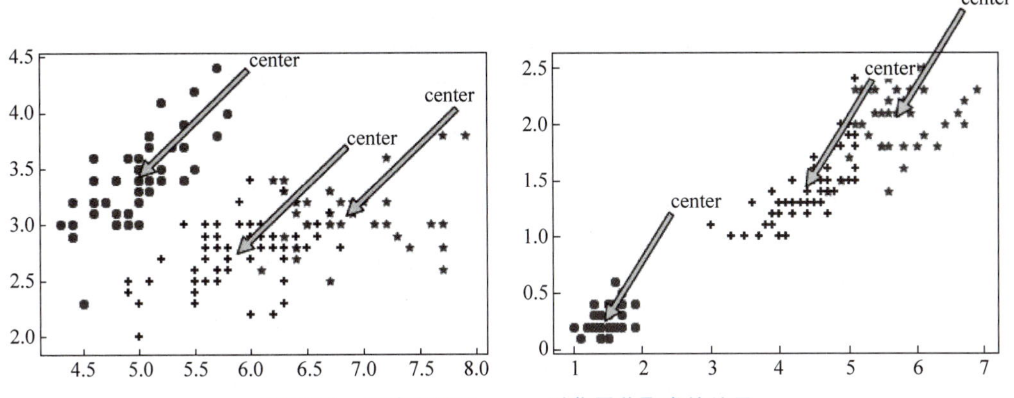

图 3-11　手动实现 K-means 对鸢尾花聚类的结果

步骤 3：调用 sklearn 库实现 K-means

sklearn.cluster.KMeans 包封装了 K-means 的实现，因此，读者可以非常方便地实现 K-means 聚类：

```
def Model(n_clusters):
  estimator = KMeans(n_clusters = n_clusters)           # 构造聚类器
  return estimator

def train(estimator):
    estimator.fit(X)                                    # 聚类

# 初始化实例，并开启训练迭代计算簇心
estimator = Model(3)
train(estimator)

label_pred = estimator.labels_                          # 获取聚类标签
# 绘制 k - means 结果
x0 = X[label_pred == 0]
x1 = X[label_pred == 1]
x2 = X[label_pred == 2]
plt.scatter(x0[:, 0], x0[:, 1], c = "red", marker = 'o', label = 'label0')
plt.scatter(x1[:, 0], x1[:, 1], c = "green", marker = '*', label = 'label1')
plt.scatter(x2[:, 0], x2[:, 1], c = "blue", marker = '+', label = 'label2')
```

```
plt.xlabel('sepal length')
plt.ylabel('sepal width')
plt.legend(loc = 2)
plt.show()
# 可视化结果如图 3-12 所示
```

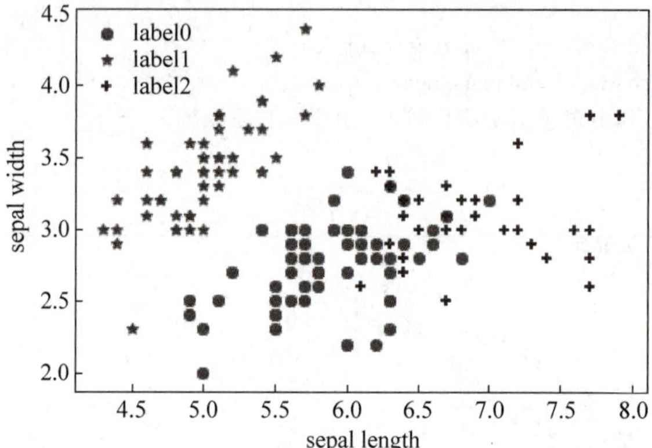

图 3-12　sklearn 库 K-means 进行鸢尾花聚类的结果

第4章 神经网络基础实验

神经网络是一门重要的机器学习技术，它是目前人工智能领域内最为火热的研究方向——深度学习技术的基础。神经网络是一种模仿动物神经网络行为特征，进行分布式并行信息处理的算法数学模型，也是我们后续学习自然语言和视觉图像处理的基础。

实践十三：基于全连接神经网络实现房价预测

在实践八中，本书使用 sklearn 包中的线性回归模型对波士顿房价进行回归预测，本质上，在神经网络中，线性回归是一个单层的感知机，是一层不带激活函数的全连接层，因此，本实验，将带领大家使用神经网络的方式从 0 到 1 构建线性回归模型，包括：**模型的构建、损失函数的定义、优化器的选择、网络的前向计算、网络的反向传播**等关键操作。本次实验平台为百度 AI Studio，实验环境为 Python 3.7，飞桨深度学习平台 2.0。飞桨(PaddlePaddle)以百度多年的深度学习技术研究和业务应用为基础，集深度学习核心训练和推理框架、基础模型库、端到端开发套件、丰富的工具组件于一体，是中国首个自主研发、功能完备、开源开放的产业级深度学习平台。

步骤1：数据加载及预处理

飞桨内部集成了波士顿房价数据集 uci-housing，该数据集共 506 条数据，每条数据包含 14 个值，其中前 13 个值用来描述房屋的各种信息，作为特征信息，最后一个值为该类房屋价格中位数，即要回归预测的值。实践八采用直接下载该数据集，读取后进行预处理，然后用于模型训练，本实验将直接使用飞桨自带的数据集，对于两种数据加载方式，读者可自行选择。飞桨中提供了读取 uci_housing 训练集和测试集的接口，分别为 paddle.text.datasets.UCIHousing(mode='train')和 paddle.text.datasets.UCIHousing(mode='test')，下面代码实现了数据集的加载，并且将其使用 DataLoader 类进行封装，DataLoader 类的初始化需要指定数据集，并且可以使用 batch_size 参数定制批量迭代的批大小，shuffle 参数控制样本顺序的扰乱，使得不同类型样本可随机分布，还可以通过设置 num_workers 参数来开启多进程数据加载，提升加载速度，该类初始化函数返回一个迭代器，用于训练或测试过程中的批量数据迭代：

```
# 导入相关包
import paddle                                    # paddle,本示例代码版本为 2.0
import numpy as np
import os
```

```
import matplotlib.pyplot as plt

# 设置 paddle 默认的全局数据类型为 float64
paddle.set_default_dtype("float64")
# 加载数据
train_dataset = paddle.text.datasets.UCIHousing(mode = 'train')
eval_dataset = paddle.text.datasets.UCIHousing(mode = 'test')
# 封装训练数据
train_loader = paddle.io.DataLoader(train_dataset, batch_size = 32, shuffle = True)
# 封装验证数据
eval_loader = paddle.io.DataLoader(eval_dataset, batch_size = 8, shuffle = False)
```

步骤 2：模型配置

线性回归本质上是一层不带激活函数的全连接层，因此本实验使用 paddle. nn. Linear(in_features, out_features, weight_attr=None, bias_attr=None, name=None)实现线性变换，其中，in_features 为输入特征的维度，out_features 为输出特征的维度，weight_attr 指定权重参数的属性，表示使用默认的权重参数属性，将权重参数初始化为 0，bias_attr 指定偏置参数的属性，设置为 False 时，表示不会为该层添加偏置，name 用于网络层输出的前缀标识。在自定义网络模型时，应当继承 paddle. nn. Layer 类，该类属于基于 OOD 实现的动态图，实现了训练模式与验证模式，训练模式会执行反向传播，而验证模式不包含反向传播，同时也为 dropout 等训练、验证时不同的操作提供了支持。在神经网络中，从输入到输出的过程称为网络的前向计算，在飞桨中，可用 forward 关键字标识，forward()函数中定义网络从前到后的完整计算过程，是实现网络框架最重要的环节：

```
# 定义全连接网络
class Regressor(paddle.nn.Layer):
  def __init__(self):
    super(Regressor, self).__init__()
    # 定义一层全连接层,输出维度是 1,激活函数为 None
    self.linear = paddle.nn.Linear(13, 1, None)

  # 网络的前向计算函数
  def forward(self, inputs):
    x = self.linear(inputs)                    # 该网络只包含一个全连接层
    return x
```

步骤 3：模型训练

定义好模型框架后，首先实例化模型 model，在训练阶段，调用 model. train()，开启训练模式，该模式具备反向传播功能，然后定义损失函数，在回归任务中，通常使用均方误差损失函数，paddle. nn. MSELoss(reduction='mean')类提供了计算接口，参数 reduction 可以是'none'、'mean'、'sum'，设为'none'时不使用约简，设为'mean'时返回 loss 的均值，设为'sum'时返回 loss 的和。神经网络模型的反向传播需要定义传播规则，也就是说如何计算梯度，每个参数更新多少，更新的速度、幅度等，优化器正是用来实现上述目的的工具，paddle.

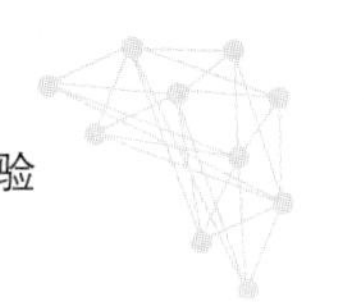

optimizer 中实现了诸如 SGD、Adam 等多种优化器，读者可根据不同的任务，挑选最合适的优化器，使用优化器需要制定学习率，也就是梯度的更新步长，太大的学习率可能导致网络无法收敛，太小的学习率会使网络收敛很慢，可设置动态学习率，在网络训练初期使用较大的学习率，在后期使用较小的学习率。本实验中使用 paddle. optimizer. SGD(learning_rate＝0. 001，parameters＝None，weight_decay＝None，grad_clip＝None，name＝None)进行优化，其中 learning_rate 为学习率，也就是参数梯度的更新步长，parameters 指定优化器需要优化的参数，weight_decay 为权重衰减系数，grad_clip 为梯度裁剪的策略，支持三种裁剪策略：paddle. nn. ClipGradByGlobalNorm 、paddle. nn. ClipGradByNorm 、paddle. nn. ClipGradByValue，梯度裁剪将梯度值阶段约束在一个范围内，防止使用深度网络时出现梯度爆炸的情况，默认值为 None，此时将不进行梯度裁剪。定义好模型、损失函数和优化器之后，将数据分批送入模型中，并执行梯度反向传播更新参数(loss. backward())，达到训练目的，模型训练结束后，调用 paddle. save()保存模型，后续进行预测时，只需要将训练好的模型参数加载到模型中，便可利用训练数据提取到的规律对测试数据进行预测。

```
Batch = 0
Batchs = []                                          # 记录批次
all_train_loss = []                                  # 记录损失值,用于后续绘图

model = Regressor()                                  # 模型实例化
model.train()                                        # 训练模式
mse_loss  =  paddle.nn.MSELoss()                     # 均方误差损失函数
opt = paddle.optimizer.SGD(learning_rate = 0.0005, parameters = model.parameters())

epochs_num = 200                                     # 迭代次数
for pass_num in range(epochs_num):
  for batch_id,data in enumerate(train_loader()):
    image  =  data[0]
    label  =  data[1]
    predict = model(image)                           # 前向计算
    loss = mse_loss(predict,label)

    if batch_id!= 0 and batch_id % 10 == 0:         # 10 次迭代记录一次损失值
      Batch  =  Batch + 10
      Batchs.append(Batch)
      all_train_loss.append(loss.numpy()[0])
              print("epoch:{},step:{},train_loss:{}".format(pass_num,
                     batch_id, loss.numpy()[0]))
    loss.backward()                                  # 反向传播
    opt.step()
    opt.clear_grad()                                 # opt.clear_grad()来重置梯度
paddle.save(model.state_dict(),'Regressor')         # 保存模型
# 模型训练过程中部分输出如图 4-1 所示
```

```
epoch:0,step:10,train_loss:671.7868630531646
epoch:1,step:10,train_loss:584.4361570438427
epoch:2,step:10,train_loss:742.8976017372459
epoch:3,step:10,train_loss:699.3404975654414
epoch:4,step:10,train_loss:522.486464817233
epoch:5,step:10,train_loss:574.1891059373229
epoch:6,step:10,train_loss:793.1383514529118
epoch:7,step:10,train_loss:552.3760495037138
epoch:8,step:10,train_loss:505.6713261737084
epoch:9,step:10,train_loss:477.63240030357565
```

图 4-1　全连接神经网络实现房价预测-训练过程输出

步骤 4：模型评估

（1）模型训练结束后，根据保存的损失值的中间结果，绘制损失值随模型迭代次数的变化过程：

```
def draw_train_acc(Batchs, train_accs):
    title = "training accs"
    plt.title(title, fontsize = 24)
    plt.xlabel("batch", fontsize = 14)
    plt.ylabel("acc", fontsize = 14)
    plt.plot(Batchs, train_accs, color = 'green', label = 'training accs')
    plt.legend()
    plt.grid()
      plt.show()
draw_train_loss(Batchs,all_train_loss)
# 模型损失值随迭代次数变化趋势如图 4-2 所示
```

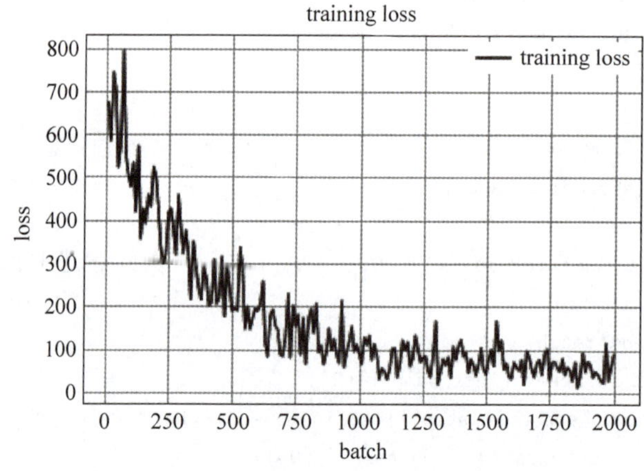

图 4-2　训练损失随迭代次数变化趋势图

（2）为了判断上述模型的性能，可在验证集上进行验证。首先将前面步骤保存的训练好的参数加载到新实例化的模型中，飞桨提供了模型参数加载的接口 paddle.load()（对应 paddle.save()接口函数），然后启动验证模型（model.eval()），将验证数据批量输入到网络中

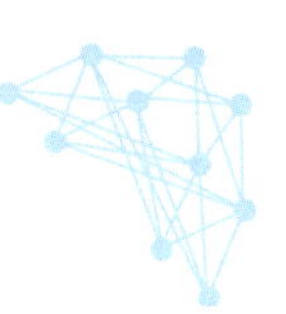

进行损失值计算，并输出模型在验证集上的损失值：

```
para_state_dict = paddle.load("Regressor")          # 加载模型参数
model = Regressor()                                 # 实例化模型
model.set_state_dict(para_state_dict)               # 参数赋值
model.eval()                                        # 验证模式

losses = []
infer_results = []
ground_truths = []
for batch_id,data in enumerate(eval_loader()):      # 测试集
    image = data[0]
    label = data[1]
    ground_truths.extend(label.numpy())
    predict = model(image)
    infer_results.extend(predict.numpy())
    loss = mse_loss(predict,label)
    losses.append(lossnumpy()[0])
    avg_loss = np.mean(losses)
print("当前模型在验证集上的损失值为:",avg_loss)
# 输出结果如图 4-3 所示
```

当前模型在验证集上的损失值为：17.38652949467231

图 4-3　全连接神经网络实现房价预测-验证损失

(3) 绘制模型预测结果与真实值之间的差异，当模型的预测值等于真实值时，模型的预测效果是最优的，但是这种情况几乎不可能出现，因此作为对照，可以观察预测值与真实值构成的坐标点位于 y=x 直线的位置，判断模型性能的好坏，代码实现及图示如下：

```
# 绘制真实值和预测值对比图(见图 4-4)
def draw_infer_result(ground_truths,infer_results):
    title = 'Boston'
    plt.title(title, fontsize = 24)
    x = np.arange(1,20)
    y = x
    plt.plot(x, y)
    plt.xlabel('ground truth', fontsize = 14)
    plt.ylabel('infer result', fontsize = 14)
    plt.scatter(ground_truths, infer_results,color = 'green',label = 'training cost')
    plt.grid()
    plt.show()

draw_infer_result(ground_truths,infer_results)
```

上述方法获得模型的拟合能力并没有达到最优，仍然具有很大的优化空间。线性回归算法只能处理线性可分的数据，对于线性不可分数据，在传统机器学习算法中，需要使用对数线性回归、广义线性回归或者其他回归算法，但是在神经网络中，可以通过添加激活函数、加深网络深度，实现任意函数的拟合。

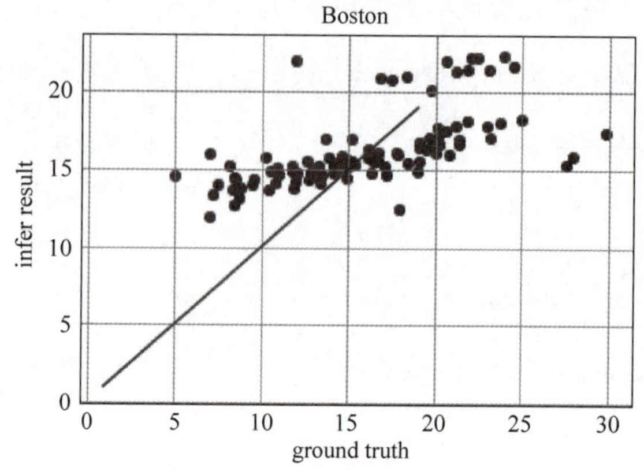

图 4-4　全连接神经网络实现房价预测真实值与预测值分布

实践十四：基于全连接神经网络实现宝石分类

宝石分类是一个图像多分类任务，旨在针对所给宝石图像，判断其所属的标签类型。

开源宝石数据集中包含 25 种宝石类别，每个类别的图像被单独保存在一个文件夹下，文件夹命名为其类型名，所有的类型如图 4-5 所示。

```
Alexandrite    Carnelian  Emerald     Iolite       Malachite    Rhodochrosite  Zircon
Almandine      Cats Eye   Fluorite    Jade         Onyx Black   Sapphire Blue
Benitoite      Danburite  Garnet Red  Kunzite      Pearl        Tanzanite
Beryl Golden   Diamond    Hessonite   Labradorite  Quartz Beer  Variscite
```

图 4-5　宝石分类数据集保存文件图

部分宝石图片展示如图 4-6 所示。

图 4-6　宝石分类数据集样本展示

本实验使用全连接神经网络实现宝石分类，本次实验平台为百度 AI Studio，实验环境为 Python 3.7，Paddle2.0。

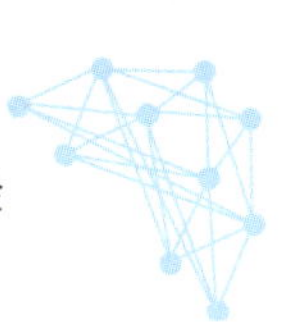

步骤 1：数据加载及预处理

（1）在创建新项目之前，应该先下载相应数据集，数据集链接为 https://aistudio.baidu.com/aistudio/datasetdetail/55032，然后解压并读取数据集中的图片，为了方便处理，首先将各个类型的图片的绝对路径及标签保存于一个文件中，训练模型之前加载数据时，可直接从文件中读取，避免烦琐的路径解析过程，同时配置参数，包括数据集相关的参数、训练模型的相关参数等。

```
# 首先,加载必要的包
import os
import zipfile
import random
import json
import cv2
import numpy as np
from PIL import Image
import matplotlib.pyplot as plt
import paddle
from paddle.io import Dataset

# 参数配置
train_parameters = {
  "input_size": [3, 224, 224],                          # 输入图片的 shape
  "class_dim": 25,                                      # 分类数
  "src_path": "data/data55032/archive_train.zip",       # 原始数据集路径
  "target_path": "/home/aistudio/data/dataset",         # 要解压的路径
  "train_list_path": "./train.txt",                     # train_data.txt 路径
  "eval_list_path": "./eval.txt",                       # eval_data.txt 路径
  "label_dict":{},                                      # 标签字典
  "readme_path": "/home/aistudio/data/readme.json",     # readme.json 路径
  "num_epochs":40,                                      # 训练轮数
  "train_batch_size": 32,                               # 批次的大小
  "learning_strategy": {                                # 优化函数相关的配置
    "lr": 0.0001                                        # 超参数学习率
  }
}
```

定义解压函数，解压数据集：

```
def unzip_data(src_path,target_path):
  if not os.path.isdir(target_path):
    z = zipfile.ZipFile(src_path, 'r')
    z.extractall(path = target_path)
    z.close()
  else:
    print("文件已解压")
```

生成数据列表：读取每个文件夹下的图片，将绝对路统一保存于文件中：

```
def get_data_list(target_path, train_list_path, eval_list_path):
    # 获取所有类别保存的文件夹名称
    data_list_path = target_path
    class_dirs = os.listdir(data_list_path)
    # 存储要写进 eval.txt 和 train.txt 中的内容
    train_list = []                                  # 存放训练数据路径
    eval_list = []                                   # 存放测试数据路径
    class_label = 0                                  # 为每个类型的图片赋予一个数字标签
    i = 0                                            # 计数样本数
    # 读取每个类别
    for class_dir in class_dirs:
        if class_dir != ".DS_Store":
            path = os.path.join(data_list_path,class_dir)
            # 获取所有图片
            img_paths = os.listdir(path)
            for img_path in img_paths:               # 遍历文件夹下的每个图片
                if img_path == '.DS_Store':
                    continue
                i += 1
                      # 获取每张图片的绝对路径
                name_path = os.path.join(path,img_path)
                if i % 10 == 0:
                    eval_list.append(name_path + "\t%d" % class_label + "\n")
                else:
                    train_list.append(name_path + "\t%d" % class_label + "\n")

            train_parameters['label_dict'][str(class_label)] = class_dir
            class_label += 1

# 乱序：打乱样本顺序,各类型随机分布,将乱序样本写入训练集
random.shuffle(train_list)
with open(train_list_path, 'a') as f2:
    for train_image in train_list:
        f2.write(train_image)
# 将测试样本写入测试集
with open(eval_list_path, 'a') as f:
    for eval_image in eval_list:
        f.write(eval_image)

print ('生成数据列表完成!')
return
```

调用前面的功能函数,生成数据列表,用于后面的训练与验证:

```
# 定义参数
src_path = train_parameters['src_path']
target_path = train_parameters['target_path']
train_list_path = train_parameters['train_list_path']
eval_list_path = train_parameters['eval_list_path']
batch_size = train_parameters['train_batch_size']
```

```
# 解压原始数据到指定路径
unzip_data(src_path, target_path)

#每次生成数据列表前,首先清空 train.txt 和 eval.txt
with open(train_list_path, 'w') as f:
  f.seek(0)                              # 文件指针指向文件开始
  f.truncate()                           # 截断文件,将指针后面的内容全部删除
with open(eval_list_path, 'w') as f:
  f.seek(0)
  f.truncate()

# 生成数据列表
get_data_list(target_path,train_list_path,eval_list_path)
```

(2) 为训练模型,需要定义一个数据集类将数据进行封装,该类需要继承 paddle.io.Dataset 抽象类,Dataset 抽象了数据集的方法和行为,须实现以下方法:

- __getitem__:根据给定索引获取数据集中指定样本,在 paddle.io.DataLoader 中需要使用此函数通过下标获取样本;
- __len__:返回数据集样本个数,paddle.io.BatchSampler 中需要样本个数生成下标序列。

本实验中自定义 Reader(命名可自定义)类继承 Dataset,然后再使用 paddle.io.DataLoader 进行批量数据处理,获取可批量迭代的数据加载器:

```
class Reader(Dataset):
  def __init__(self, data_path, mode = 'train'):
    # 数据读取器,data_path: 数据集所在路径,mode: train or eval
    super().__init__()
    self.data_path = data_path
    self.img_paths = []
    self.labels = []

    if mode == 'train':                   # 读取训练数据
      with open(os.path.join(self.data_path, "train.txt"), "r", encoding = "utf - 8") as f:
        self.info = f.readlines()
      for img_info in self.info:
        img_path, label = img_info.strip().split('\t')
        self.img_paths.append(img_path)
        self.labels.append(int(label))

    else:                                 # 读取测试数据
      with open(os.path.join(self.data_path, "eval.txt"), "r", encoding = "utf - 8") as f:
        self.info = f.readlines()
      for img_info in self.info:
        img_path, label = img_info.strip().split('\t')
        self.img_paths.append(img_path)
        self.labels.append(int(label))
```

```
    def __getitem__(self, index):
        # 获取一组数据: index 为索引号
        # 第一步打开图像文件并获取 label 值
        img_path = self.img_paths[index]
        img = Image.open(img_path)                      # 读取图片
        if img.mode != 'RGB':                           # 将图片转换为 RGB 模式
            img = img.convert('RGB')
        img = img.resize((224, 224), Image.BILINEAR)    # 图片大小归一化
        img = np.array(img).astype('float32')           # 图片像素值转化为浮点型
        # 通道维度设为第 0 维,像素值归一化到 0~1 之间
        img = img.transpose((2, 0, 1)) / 255
        label = self.labels[index]
        label = np.array([label], dtype = "int64")
        return img, label

    def print_sample(self, index: int = 0):
        # 打印索引为 index 的样本路径及标签值
        print("文件名", self.img_paths[index], "\t 标签值", self.labels[index])

    def __len__(self):
        # 返回数据集中的样本数
        return len(self.img_paths)

# 训练数据加载
train_dataset = Reader('/home/aistudio/',mode = 'train')
train_loader = paddle.io.DataLoader(train_dataset, batch_size = train_parameters['train_
                                    batch_size'] , shuffle = True)
# 测试数据加载
eval_dataset = Reader('/home/aistudio/',mode = 'eval')
eval_loader = paddle.io.DataLoader(eval_dataset, batch_size = train_parameters['train_batch_
                                   size'] , shuffle = False)
```

(3) 打印观察数据集的组成情况,构造的数据集中,训练集包含 730 条样本,测试集包含 81 条样本:

```
# 打印第 200 个训练样本的路径及标签
train_dataset.print_sample(200)
print('训练集样本数: ',train_dataset.__len__())
print('测试集样本数: ',eval_dataset.__len__())
eval_dataset.print_sample(0)
print(eval_dataset.__getitem__(10)[0].shape, eval_dataset.__getitem__(10)[1].shape)
# 输出结果如图 4-7 所示
```

```
文件名 /home/aistudio/data/dataset/Labradorite/labradorite_38.jpg        标签值 18
训练集样本数:  730
测试集样本数:  81
文件名 /home/aistudio/data/dataset/Onyx Black/onyx black_7.jpg    标签值 7
(3, 224, 224) (1,)
```

图 4-7　宝石分类训练样本形式展示

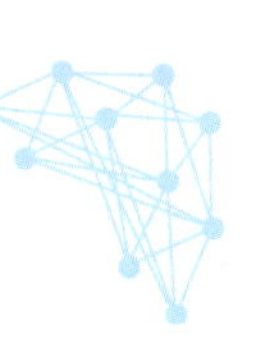

步骤 2：模型配置

数据处理完毕后，需要设计模型实现宝石分类，本实验使用简单的深度全连接网络来实现宝石分类，在定义神经网络模型时，需要继承 paddle. nn. Layer，然后实现继承类的初始化函数__init__(self, args)。在该初始化函数中，通常会定义网络中的子模块操作，全连接神经网络包含线性模块与激活模块，本实验使用 paddle. nn. Linear 与 paddle. nn. ReLU 实现网络的构建，paddle. nn. ReLU 的激活方式为 f(x)=max(x, 0)，也就是若单元值为负数时，其激活值为 0，否则激活值仍为本身：

```
# 定义 DNN 网络实现宝石识别
class MyDNN(paddle.nn.Layer):
  def __init__(self):
    super(MyDNN,self).__init__()
    self.linear1 = paddle.nn.Linear(in_features = 3 * 224 * 224, out_features = 1024)
    self.relu1 = paddle.nn.ReLU()
    self.linear2 = paddle.nn.Linear(in_features = 1024, out_features = 512)
    self.relu2 = paddle.nn.ReLU()
    self.linear3 = paddle.nn.Linear(in_features = 512, out_features = 128)
    self.relu3 = paddle.nn.ReLU()
    self.linear4 = paddle.nn.Linear(in_features = 128, out_features = 25)

    def forward(self,input):
        # forward 定义执行实际运行时网络的执行逻辑
    # shape = [ - 1,3 * 224 * 224],
    x = paddle.reshape(input, shape = [ - 1,3 * 224 * 224])
    x = self.linear1(x)
    x = self.relu1(x)
    x = self.linear2(x)
    x = self.relu2(x)
    x = self.linear3(x)
    x = self.relu3(x)
    y = self.linear4(x)
    return y
```

步骤 3：模型训练

(1) 创建好模型之后，下一步就是模型的训练。在训练模型之前，先定义两个函数 draw_train_acc(Batchs, train_accs)与 draw_train_loss(Batchs, train_loss)，用来可视化训练过程中损失函数值与训练集准确率随迭代步数的变化趋势：

```
Batch = 0                        # 记录模型训练迭代步数
Batchs = [ ]                     # 记录迭代步数
all_train_accs = [ ]             # 记录在训练集上的准确率
all_train_loss  = [ ]            # 记录在训练集上的损失

# 绘制迭代次数 - 准确率变化曲线
def draw_train_acc(Batchs, train_accs):
```

```
    title = "training accs"
    plt.title(title, fontsize = 24)
    plt.xlabel("batch", fontsize = 14)
    plt.ylabel("acc", fontsize = 14)
    plt.plot(Batchs, train_accs, color = 'green', label = 'training accs')
    plt.legend()
    plt.grid()
    plt.show()

# 绘制迭代次数 - 损失函数值变化曲线
def draw_train_loss(Batchs, train_loss):
    title = "training loss"
    plt.title(title, fontsize = 24)
    plt.xlabel("batch", fontsize = 14)
    plt.ylabel("loss", fontsize = 14)
    plt.plot(Batchs, train_loss, color = 'red', label = 'training loss')
    plt.legend()
    plt.grid()
      plt.show()
```

(2) 模型的训练包括模型实例化、开启训练模式、定义损失函数、定义优化器、循环前向迭代与反向参数更新等过程，与实践十三中回归问题不同，对于分类任务，paddle 提供多种损失函数，例如：交叉熵损失(CrossEntropyLoss)、二值交叉熵损失(BCELoss)、带 log 的二值交叉熵损失(BCEWithLogitsLoss)、KLD 散度损失(KLDivLoss)等，本实验使用交叉熵损失，接口参数如下：paddle. nn. CrossEntropyLoss(weight＝None, ignore_index＝－100, reduction＝'mean', soft_label＝False, axis＝－1, name＝None)，其中，weight 指定每个类别的权重，其默认为 None 。如果提供该参数的话，维度必须为类别数，ignore_index 指定一个忽略的标签值，此标签值不参与计算。reduction 指定应用于输出结果的计算方式，数据类型为 string，可选值有：none、mean、sum，默认为 mean ，即计算 mini-batch loss 均值，设置为 sum 时，计算 mini-batch loss 的总和，设置为 none 时，则返回 loss Tensor，即每个样本的损失，soft_label 指明 label 是否为软标签，默认为 False，表示 label 为硬标签，若 soft_label＝True 则表示软标签，软标签指在各个类别上均有概率，是一个平滑的值，axis 指定进行 softmax 计算的维度索引，读者可根据需要，替换使用不同的损失函数。

paddle. metric 提供了一系列评估器 API，比如定义了如图 4-8 所示的评估器类，以及准确率评估器函数 accuracy，本实验使用 paddle. metric. accuracy(input, label, k＝1, correct＝None, total＝None, name＝None)直接计算分类的准确率，如果正确的标签在 top k 个预测值里，则计算结果加 1，其中，input 为预测分类的概率分布，shape 为[sample_number, class_dim]，label 为数据集的标签，shape 为[sample_number, 1]，k 代表取每个类别中 k 个预测值用于计算，默认值为 1，correct 为正确预测值的个数，默认值为 None，total 为总共的预测值，默认值为 None：

```
model = MyDNN()                                          # 模型实例化
model.train()                                            # 训练模式
cross_entropy = paddle.nn.CrossEntropyLoss()
```

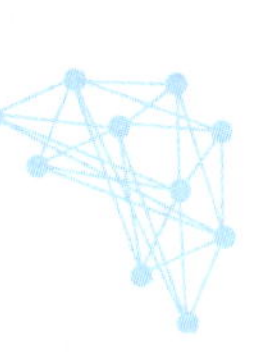

API名称	API功能
Metric	评估器基类
Accuracy	准确率评估器类
Auc	auc评估器类
Precision	精确率评估器类
Recall	召回率评估器类

图 4-8　paddle.metric 提供的评价指标 API

```
opt = paddle.optimizer.SGD(learning_rate = 0.001, parameters = model.parameters())

epochs_num = train_parameters['num_epochs']                # 迭代次数
for pass_num in range(train_parameters['num_epochs']):
  for batch_id,data in enumerate(train_loader()):
    image  =  data[0]
    label  =  data[1]
    predict = model(image)                                  # 数据传入 model
    loss = cross_entropy(predict, label)
    acc = paddle.metric.accuracy(predict, label)            # 计算精度
    if batch_id!= 0 and batch_id % 5 == 0:
            # 每迭代五次,记录一次损失值与准确率值,并打印
      Batch  =  Batch + 5
      Batchs.append(Batch)
      all_train_loss.append(loss.numpy()[0])
      all_train_accs.append(acc.numpy()[0])
            print("epoch:{},step:{},train_loss:{},train_acc:{}".format(pass_num, batch_
                  id, loss.numpy(),acc.numpy()))
    loss.backward()
    opt.step()
    opt.clear_grad()                                        # opt.clear_grad()来重置梯度
paddle.save(model.state_dict(),'MyDNN')                     # 保存模型

# 模型训练过程中部分输出及变化曲线如图 4-9 所示
```

```
epoch:18,step:35,train_loss:[1.4050553],train_acc:[0.5]
epoch:18,step:40,train_loss:[1.0307357],train_acc:[0.625]
epoch:18,step:45,train_loss:[1.1796725],train_acc:[0.7]
epoch:19,step:5,train_loss:[1.4741416],train_acc:[0.5]
epoch:19,step:10,train_loss:[0.77575046],train_acc:[0.6875]
epoch:19,step:15,train_loss:[1.3115207],train_acc:[0.5625]
epoch:19,step:20,train_loss:[1.1120551],train_acc:[0.8125]
epoch:19,step:25,train_loss:[1.1558535],train_acc:[0.625]
epoch:19,step:30,train_loss:[0.7721381],train_acc:[0.8125]
```

图 4-9　宝石分类训练过程部分输出

绘制迭代次数-准确率/损失函数值曲线如图 4-10 和图 4-11 所示。

```
draw_train_acc(Batchs,all_train_accs)
draw_train_loss(Batchs,all_train_loss)
```

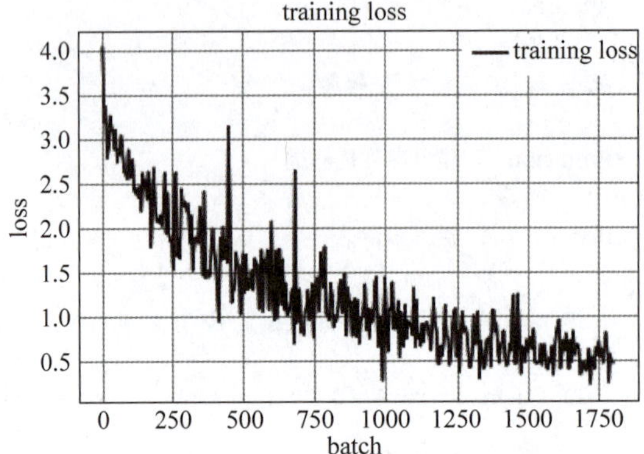

图 4-10　宝石分类训练损失随迭代次数的变化

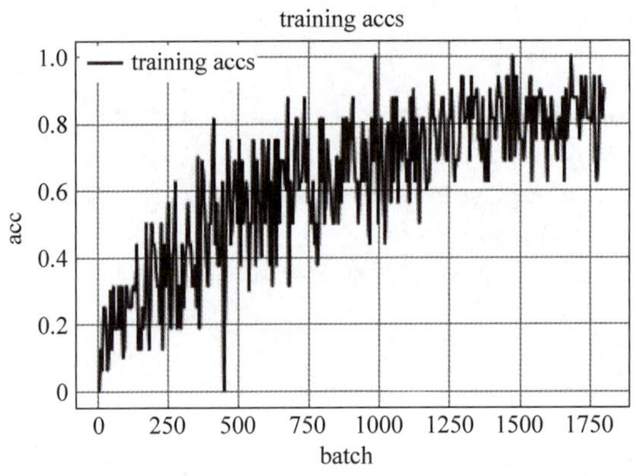

图 4-11　宝石分类训练准确率随迭代次数的变化

步骤 4：模型评估

模型训练完成后，需要对模型的泛化性能进行评估，在前面步骤划分数据集时预留的测试集上进行模型性能的评估，并输出其准确率，首先加载保存的模型参数，然后将参数值赋值给新实例化的模型，调用 model.eval()函数开启模型的验证模式，分批将测试数据输入到网络中进行预测：

```
# 模型评估
para_state_dict = paddle.load("MyDNN")                # 加载模型参数
model = MyDNN()
model.set_state_dict(para_state_dict)                 # 设置参数值
model.eval()                                          # 开启验证模式

accs = []
```

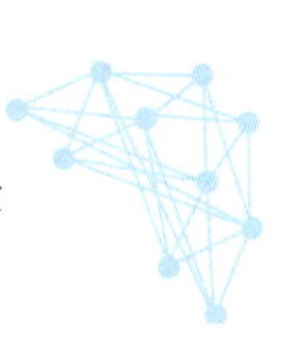


```
for batch_id,data in enumerate(eval_loader()):          # 测试集
    image = data[0]
    label = data[1]
    predict = model(image)
    acc = paddle.metric.accuracy(predict,label)
    accs.append(acc.numpy()[0])
    avg_acc  =  np.mean(accs)
print("当前模型在验证集上的准确率为:",avg_acc)
# 输出结果如图 4-12 所示
```

当前模型在验证集上的准确率为: 0.6818182

图 4-12　宝石分类验证集准确率

步骤 5：模型预测

对于训练好的模型，可将其应用于实际场景的图像类型推理，因此，对于给定条或多条预测样本，需要首先定义基本的图像处理函数，对输入图像进行预处理，然后加载训练好的模型，在验证模式下进行预测：

```
# 图片预处理函数
def load_image(img_path):
    img  =  Image.open(img_path)
    if img.mode !=  'RGB':                              # RGB 格式转换
        img  =  img.convert('RGB')
    img  =  img.resize((224, 224), Image.BILINEAR)      # 指定图片大小
    img  =  np.array(img).astype('float32')
    img  =  img.transpose((2, 0, 1))                    # 通道维度置换到第 1 维
    img  =  img/255                                     # 像素值归一化
    return img

# 加载模型参数
para_state_dict  =  paddle.load("MyDNN")
# 实例化模型
model  =  MyDNN()
# 设置模型参数值
model.set_state_dict(para_state_dict)
# 开启模型验证模式
model.eval()

# 展示预测图片
infer_path = 'data/archive_test/alexandrite_3.jpg'
img  =  Image.open(infer_path)
plt.imshow(img)                                         # 根据数组绘制图像
plt.show()                                              # 显示图像
# 对预测图片进行预处理
infer_imgs  =  []
infer_imgs.append(load_image(infer_path))
infer_imgs  =  np.array(infer_imgs)
```

```
label_dic = train_parameters['label_dict']

for i in range(len(infer_imgs)):
  data = infer_imgs[i]
  dy_x_data = np.array(data).astype('float32')
  dy_x_data = dy_x_data[np.newaxis,:, : ,:]
  img = paddle.to_tensor (dy_x_data)
  out = model(img)
  lab = np.argmax(out.numpy())                    #argmax():返回最大数的索引
  print("第{}个样本,被预测为: {},真实标签为: {}".format(i+1, label_dic[str(lab)], infer_
          path.split('/')[-1].split("_")[0]))
print("结束")
# 输出结果如图 4-13 所示
```

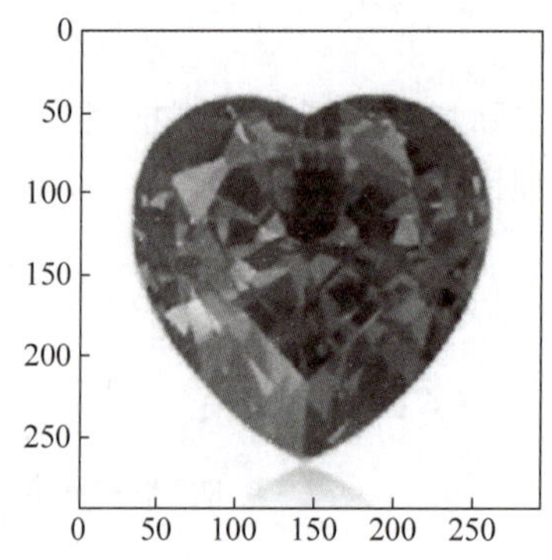

图 4-13　宝石分类预测结果

实践十五：基于高层 API 实现宝石分类

飞桨深度学习平台全新推出高层 API，是对飞桨 API 的进一步封装与升级，提供了更加简洁易用的 API，进一步提升了飞桨的易学易用性，并增强飞桨的功能。飞桨高层 API 面向从深度学习小白到资深开发者的所有人群，对于 AI 初学者来说，使用高层 API 可以简单快速地构建深度学习项目，对于资深开发者来说，可以快速完成算法迭代。

飞桨高层 API 具有以下特点：

（1）易学易用：高层 API 是对普通动态图 API 的进一步封装和优化，同时保持与普通 API 的兼容性，高层 API 使用更加易学易用，同样的实现使用高层 API 可以节省大量的代码；

（2）低代码开发：使用飞桨高层 API 的一个明显特点是编程代码量大大缩减；

（3）动静转换：高层 API 支持动静转换，只需要改一行代码即可实现将动态图代码在静态图模式下训练，既方便使用动态图调试模型，又提升了模型训练效率。

在功能增强与使用方式上，高层 API 有以下升级：

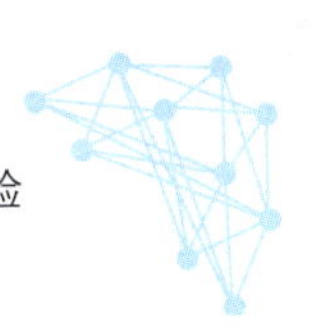

(1) 模型训练方式升级：高层 API 中封装了 Model 类，继承了 Model 类的神经网络可以仅用几行代码完成模型的训练；

(2) 新增图像处理模块 transform：飞桨新增了图像预处理模块，其中包含数十种数据处理函数，基本涵盖了常用的数据处理、数据增强方法；

(3) 提供常用的神经网络模型可供调用：高层 API 中集成了计算机视觉领域和自然语言处理领域常用模型，包括但不限于 mobilenet、resnet、yolov3、cyclegan、bert、transformer、seq2seq 等。同时发布了对应模型的预训练模型，可以直接使用这些模型或者在此基础上完成二次开发。

实践十四中使用基于全连接神经网络的方法实现宝石分类，该方法中使用的是基础的 API 接口，本实验将使用高层 API 实现上述任务，直观地展示飞桨高层 API 的高效性、简单性。

针对宝石分类任务，数据加载及预处理方式与实践十四中相同，此处不再赘述，请读者参考前文。

paddle 高层 API，实现了几个重要的封装，即：model()、summary()、prepare()、fit()、evaluate()、predict()、save()、load()，下面分别介绍：

步骤 1：模型封装

paddle 高层 API 提供两种组网方式：Sequential 组网、SubClass 组网。针对顺序的线性网络结构可以直接使用 Sequential 来快速完成组网，可以减少类的定义等代码编写；针对一些比较复杂的网络结构，就可以使用 Layer 子类定义的方式来进行模型代码编写，在__init__构造函数中进行组网 Layer 的声明，在 forward 中使用声明的 Layer 变量进行前向计算。子类组网方式也可以实现 sublayer 的复用，针对相同的 layer 可以在构造函数中一次性定义，在 forward 中多次调用。实践十四中的组网方式便为 SubClass 组网，由于该模型是顺序的线性网络结构，因此，本实验将尝试使用 Sequential 来定义网络，定义好网络结构之后来使用 paddle. Model()完成模型的封装，将网络结构组合成一个可快速使用高层 API 进行训练、评估和预测的类：

```
MyDNN = paddle.nn.Sequential(
    paddle.nn.Flatten(start_axis = 1),                  # 将单个图像输入拉平为一维
    paddle.nn.Linear(3 * 224 * 224,1024),
    paddle.nn.ReLU(),
    paddle.nn.Linear(1024,512),
    paddle.nn.ReLU(),
    paddle.nn.Linear(512,128),
    paddle.nn.ReLU(),
    paddle.nn.Linear(128,25)
)
model  =  paddle.Model(MyDNN)                            # 模型封装
```

步骤 2：模型可视化

在组建好网络结构后，一般会想去对网络结构进行可视化，逐层去对齐网络结构参数，

看看是否符合预期。这里可以通过 summary 接口进行可视化展示，summary 接口有两种使用方式，除了 model. summary 这种配套 paddle. Model()封装使用的接口外，还有一套配合没有经过 paddle. Model()封装的方式来使用，可以直接将实例化好的 Layer 子类放到 paddle. summary()接口中进行可视化呈现，如下：

```
model.summary((1,3,224,224))
paddle.summary(MyDNN, (1,3,224,224))
# 上述两种输出结果相同，如图 4-14 所示
```

```
 Layer (type)        Input Shape          Output Shape         Param #
===========================================================================
Flatten-2398      [[1, 3, 224, 224]]      [1, 150528]             0
  Linear-5          [[1, 150528]]          [1, 1024]          154,141,696
   ReLU-4            [[1, 1024]]           [1, 1024]              0
  Linear-6           [[1, 1024]]            [1, 512]           524,800
   ReLU-5             [[1, 512]]            [1, 512]              0
  Linear-7            [[1, 512]]            [1, 128]            65,664
   ReLU-6             [[1, 128]]            [1, 128]              0
  Linear-8            [[1, 128]]            [1, 25]             3,225
===========================================================================
Total params: 154,735,385
Trainable params: 154,735,385
Non-trainable params: 0
---------------------------------------------------------------------------
Input size (MB): 0.57
Forward/backward pass size (MB): 1.17
Params size (MB): 590.27
Estimated Total Size (MB): 592.02
---------------------------------------------------------------------------
```

图 4-14　模型结构展示

调用该接口，会输出网络从下往上的结构，并且输出总参数量等参数。此处，summary 传递了一个参数(1,3, 224, 224)，该参数为 input_size，因为在动态图中，网络定义阶段是还没有得到输入数据的形状信息，想要做网络结构的呈现就无从下手，那么通过告知接口网络结构的输入数据形状，这样网络可以通过逐层的计算推导得到完整的网络结构信息进行呈现。如果是动态图运行模式，那么就不需要给 summary 接口传递输入数据形状这个值了，因为在 Model 封装的时候已经定义好了 InputSpec，其中包含了输入数据的形状格式。

步骤 3：模型准备

网络结构通过 paddle. Model()接口封装成模型类后进行执行操作非常简洁方便，直接通过调用 model. fit()就可以完成训练过程。使用 model. fit()接口启动训练前，需要先通过 model. prepare()接口来对训练进行提前的配置准备工作，包括设置模型优化器，Loss 计算方法，精度计算方法等：

```
# 为模型训练做准备，设置优化器，损失函数和精度计算方式
model.prepare(paddle.optimizer.SGD(
                  learning_rate = train_parameters['learning_strategy']['lr'],
        parameters = model.parameters()),
```

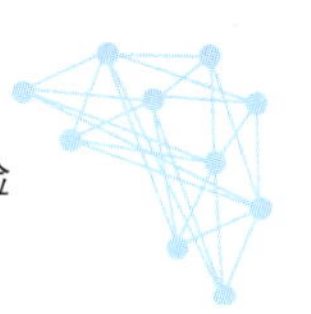

```
    paddle.nn.CrossEntropyLoss(),
    paddle.metric.Accuracy()
)
```

步骤 4：模型训练

做好模型训练的前期准备工作后，正式调用 fit()接口来启动训练过程，需要指定以下至少 3 个关键参数：训练数据集、训练轮次和单次训练数据批次大小，fit()的第一个参数不仅可以传递数据集 paddle.io.Dataset(及继承类)，还可以传递 DataLoader，如果想要实现某个自定义的数据集抽样等逻辑，可以在 fit()外自定义 DataLoader，然后传递给 fit()函数：

```
# 启动模型训练，指定训练数据集，验证集，设置训练轮次
# 设置每次数据集计算的批次大小，设置日志格式
model.fit(train_dataset, eval_dataset,
        epochs = train_parameters['num_epochs'],
        batch_size = train_parameters['train_batch_size'],
        verbose = 1)
# 训练过程部分输出如图 4-15 所示
```

```
The loss value printed in the log is the current step, and the metric is the average value of previous step.
Epoch 1/40
step 23/23 [==============================] - loss: 1.6601 - acc: 0.6110 - 105ms/step
Eval begin...
The loss value printed in the log is the current batch, and the metric is the average value of previous step.
step 3/3 [==============================] - loss: 2.1910 - acc: 0.4074 - 96ms/step
Eval samples: 81
Epoch 2/40
step 23/23 [==============================] - loss: 2.0501 - acc: 0.6192 - 104ms/step
Eval begin...
The loss value printed in the log is the current batch, and the metric is the average value of previous step.
step 3/3 [==============================] - loss: 2.2874 - acc: 0.4444 - 96ms/step
```

图 4-15　训练过程部分输出

在具体任务中，可能需要使用自定义的评价指标、损失函数或者回调函数，飞桨提供对自定义评价指标、损失函数及回调函数的支持，只需实现具体类的继承，符合编写规范即可。

步骤 5：模型评估

对于训练好的模型进行评估操作可以使用 evaluate()接口来实现，事先定义好用于评估使用的数据集后，可以简单调用 evaluate()接口即可完成模型评估操作，结束后根据 prepare()中 loss 和 metric 的定义来进行相关评估结果计算返回，返回格式是一个字典：

```
result = model.evaluate(eval_dataset, verbose = 1)
#输出结果如图 4-16 所示
```

```
Eval begin...
The loss value printed in the log is the current batch, and the metric is the average value of previous step.
step 81/81 [==============================] - loss: 1.4943 - acc: 0.4568 - 4ms/step
Eval samples: 81
```

图 4-16　评估结果

步骤 6：模型预测

高层 API 中提供了 predict()接口来方便对训练好的模型进行预测验证，只需要基于训练好的模型将需要进行预测测试的数据放到接口中进行计算即可(测试数据也需要封装为 Dataset 或者 DataLoader 形式)，接口会将经过模型计算得到的预测结果进行返回，返回格式是一个 list，元素数目对应模型的输出数目：

```
out = model.predict(eval_dataset)
lab = np.argmax(out,axis = -1)[0]
for i in range(len(lab)):
  gt = eval_dataset.__getitem__(i)[1]
    print('预测值: {}, 真实值: {}'.format(lab[i][0],gt[0]))
# 部分输出结果如图 4-17 所示
```

```
Predict begin...
step 81/81 [==============================] - 4ms/step
Predict samples: 81
预测值: 20, 真实值: 20
预测值: 12, 真实值: 12
预测值: 3, 真实值: 3
预测值: 8, 真实值: 8
预测值: 9, 真实值: 9
预测值: 1, 真实值: 1
```

图 4-17　预测结果

步骤 7：模型保存

模型训练和验证达到预期后，可以使用 save()接口将模型保存下来，用于后续模型的微调：

```
model.save('api_using')
```

整合上述过程，仅仅使用几行代码，便完成了一个宝石分类任务的模型配置、模型训练、模型评估以及实现模型的预测等功能：

```
MyDNN = paddle.nn.Sequential(
  paddle.nn.Flatten(start_axis = 1),                # 将单个图像输入拉平为一维
  paddle.nn.Linear(3 * 224 * 224,1024),
  paddle.nn.ReLU(),
  paddle.nn.Linear(1024,512),
  paddle.nn.ReLU(),
  paddle.nn.Linear(512,128),
  paddle.nn.ReLU(),
  paddle.nn.Linear(128,25)
)
model  = paddle.Model(MyDNN)                        # 模型封装
model.summary((1,3,224,224))
model.prepare(paddle.optimizer.SGD(
              learning_rate = train_parameters['learning_strategy']['lr'],
```

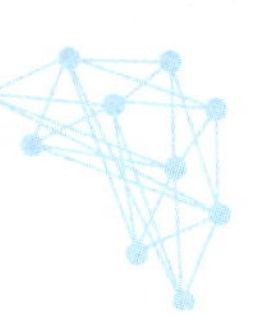


```
        parameters = model.parameters()),
       paddle.nn.CrossEntropyLoss(),
       paddle.metric.Accuracy()
      )

model.fit(train_dataset, eval_dataset,
     epochs = train_parameters['num_epochs'],
     batch_size = train_parameters['train_batch_size'],
     verbose = 1)
result = model.evaluate(eval_dataset,verbose = 1)
out = model.predict(eval_dataset)
lab = np.argmax(out,axis = -1)[0]
for i in range(len(lab)):
  gt = eval_dataset.__getitem__(i)[1]
    print('预测值: {}, 真实值: {}'.format(lab[i][0],gt[0]))
model.save('api_using')
```

paddle 高层 API 将一些常用到的数据集进行了封装，比如常用的视觉相关的数据集封装在 paddle.vision.datasets，而常用的自然语言处理的数据集封装在 paddle.text 中，执行下面代码，可输出被封装的常用的数据集：

```
print('视觉相关数据集: ', paddle.vision.datasets.__all__)
print('自然语言相关数据集: ', paddle.text.__all__)
# 输出结果如图 4-18 所示
```

```
视觉相关数据集: ['DatasetFolder', 'ImageFolder', 'MNIST', 'FashionMNIST', 'Flowers', 'Cifar10', 'Cifar100', 'VOC2012']
自然语言相关数据集: ['Conll05st', 'Imdb', 'Imikolov', 'Movielens', 'UCIHousing', 'WMT14', 'WMT16']
```

图 4-18　paddle 库封装数据集

第5章　计算机视觉基础实验

计算机视觉(Computer Vision)又称为机器视觉(Machine Vision),顾名思义就是要让计算机能够去“看”人类眼中的世界并进行理解和描述。

图像分类是计算机视觉中的一个重要的领域,其核心是向计算机输入一张图像,计算机能够从给定的分类集合中为图像分配一个标签。这里的标签来自预定义的可能类别集。例如,我们预定义类别集合 categories={'猫','狗','其他'},然后我们输入一张图片,计算机给出这幅图片的类别标签‘猫’,或者给出这幅图片属于每个类别标签的概率{'猫':0.9,'狗':0.04,'其他':0.06},这样就完成了一个图像分类任务。

本章通过实验的方式向大家介绍对于图像数据的处理方法以及利用深度学习实现计算机视觉中的图像分类任务。

实践十六:图像数据预处理实践

步骤1:单通道、多通道图像读取

(1) 单通道图,俗称灰度图,每个像素点只能有一个值表示颜色,它的像素值在0到255之间,0是黑色,255是白色,中间值是一些不同等级的灰色,如图5-1所示。

图5-1　灰度图像素值与颜色变化

(2) 三通道图,每个像素点都有3个值表示 ,所以就是3通道,也有4通道的图,如图5-2所示。例如RGB图片即为三通道图片,RGB色彩模式是工业界的一种颜色标准,是通过对红(R)、绿(G)、蓝(B)三个颜色通道的变化以及它们相互之间的叠加来得到各式各样的颜色的,RGB即是代表红、绿、蓝三个通道的颜色,这个标准几乎包括了人类视力所能感知的所

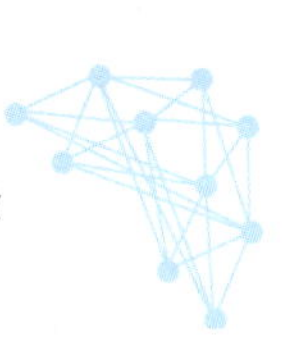

图 5-2　三通道图(RGB)

有颜色,是目前运用最广的颜色系统之一。

(3) 四通道图像,采用的颜色依然是红(R)、绿(G)、蓝(B),只是多出一个 alpha 通道。alpha 通道一般用作不透明度参数,例如,一个像素的 alpha 通道数值为 0%,那它就是完全透明的(也就是看不见的),而数值为 100%则意味着一个完全不透明的像素(传统的数字图像)。

Python 处理数据图像通常需要使用到以下 3 个库:

Numpy:是 Python 科学计算库的基础。包含了强大的 N 维数组对象和向量运算。

PIL:Python Image Library,是 Python 的第三方图像处理库,提供了丰富的图像处理函数。

cv2:是一个计算机视觉库,实现了图像处理和计算机视觉方面的很多通用算法。

下面介绍多通道图的读取:

(1) 单通道图像。

首先,使用 PIL 的 Image 模块读取图片,获得一个 Image 类实例 img,在 jupyter 中,可使用 display(img)展示图片,也可使用 img. size 查看图片尺寸。具体代码如下:

```
# 引入依赖包
import numpy as np
from PIL import Image
# 读取单通道图像
img = Image.open('lena - gray.jpg')

display(img)
print(type(img))
print(img.size)
```

运行结果如图 5-3 所示。

接下来,使用 np. arrary()将图像转化为像素矩阵,可以将像素矩阵打印查看,也可以通过 shape 属性查看矩阵维度。具体代码和结果如下所示。

```
<PIL.JpegImagePlugin.JpegImageFile image mode=L size=350x350 at 0x7F8FCA198F90>
(350, 350)
```

图 5-3　图像读取

```
# 将图片转为矩阵表示
print("图像尺寸：", img_np.shape)
img_np = np.array(img)
# 图像尺寸和单通道图像矩阵输出结果如图 5-4 所示
```

```
图像尺寸： (350, 350)
图像矩阵：
 [[161 162 162 ... 173 168 134]
 [161 162 161 ... 169 167 132]
 [162 163 159 ... 176 171 136]
 ...
 [ 48  51  49 ...  97  97  94]
 [ 41  49  50 ... 101 104 101]
 [ 39  49  53 ... 103 107 106]]
```

图 5-4　图像大小与像素值输出

可以利用 np.savetxt(fname,X,fmt)将矩阵保存为文本，其中，fname 为文件名，X 为要保存到文本中的数据(像素矩阵)，fmt 为数据的格式。

```
# 将矩阵保存成文本,数字格式为整数
np.savetxt('lena_gray.txt', img, fmt = '%4d')
# 文本预览如图 5-5 所示
```

(2) 三通道图像。

多通道读取方式与单通道一样，直接用 Image.open()打开即可。

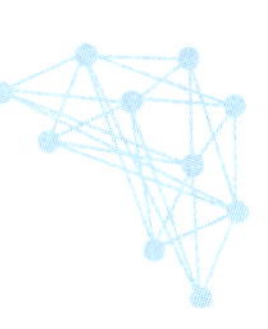

161	162	162	156	160	165	161	163	157	160	155	154	160	158	154	156	155	156	156	155	154	156	156	155	160	162	163	16
161	162	161	158	162	164	161	161	157	161	157	156	161	159	155	158	155	155	154	154	154	154	154	154	159	162	163	16
162	163	159	160	162	162	161	159	156	160	158	156	160	158	155	158	157	155	154	154	155	155	154	154	159	162	164	16
163	163	157	159	161	159	161	159	154	157	155	155	158	156	153	155	156	156	154	153	154	157	156	153	156	160	164	16
161	160	156	158	159	158	161	159	154	155	153	153	156	155	152	152	153	154	153	150	152	157	156	151	153	158	164	16
156	156	157	158	157	158	160	158	155	155	153	154	156	156	154	153	152	154	153	150	152	156	156	152	156	160	165	16
154	154	159	157	154	157	158	157	156	155	155	155	156	156	155	154	153	154	153	153	153	155	155	155	161	162	165	16
155	155	160	155	150	155	156	156	155	155	155	155	155	155	155	155	153	152	151	153	153	152	152	155	161	161	163	16
156	158	156	155	157	156	154	157	156	154	159	156	158	156	157	158	154	154	155	155	154	153	156	159	163	162	168	17
156	158	157	156	157	156	155	156	155	154	158	157	158	157	155	154	154	153	154	154	156	155	158	160	168	167	167	16
157	156	157	157	155	155	157	156	156	156	156	155	154	158	155	155	154	152	154	153	158	158	162	162	165	169	168	16
158	155	156	156	153	154	157	157	156	157	155	155	152	158	155	156	154	151	153	153	160	160	164	163	167	168	167	16
157	155	157	157	154	154	157	156	154	156	158	159	156	159	154	154	155	153	154	154	160	161	164	163	166	164	167	16
155	155	157	158	157	156	156	155	157	157	159	159	157	157	154	155	155	155	155	157	159	162	164	164	164	161	167	17

图 5-5　图像数字格式

```
# 读取彩色图像
img = Image.open('lena.jpg')
print(img)
# 将图片转为矩阵表示
img_np = np.array(img)
print("图像尺寸：", img_np.shape)
print("图像矩阵：\n", img_np)
# 运行结果如图 5-6 所示
```

```
<PIL.JpegImagePlugin.JpegImageFile image mode=RGB size=350x350 at 0x7F8FC309E210>
图像尺寸： (350, 350, 3)
图像矩阵：
 [[[224 136 126]
  [225 137 127]
  [225 137 127]
  ...
  [236 148 136]
  [232 142 131]
  [198 105  97]]
```

图 5-6　三通道图像读取

通过运行结果可以看出单通道图像与三通道图像的不同，单通道图的 mode=L，三通道图像 mode=RGB，三通道图像的像素矩阵维度为(350,350,3)。

上面已经介绍了彩色三通道图像的读取。彩色图的 RBG 三个颜色通道是可以分开单独访问的。

第一种方法：使用 PIL 对颜色通道进行分离。这里可以使用 Image 类的 split 方法进行颜色通道分离，也可以使用 Image 类的 getchannel 方法分别获取三个颜色通道的数据。

```
# 读取彩色图像
img = Image.open('lena.jpg')
# 使用 split 分离颜色通道
r,g,b = img.split()
# 使用 getchannel 分离颜色通道
r = img.getchannel(0)
g = img.getchannel(1)
b = img.getchannel(2)
# 展示各通道图像
```

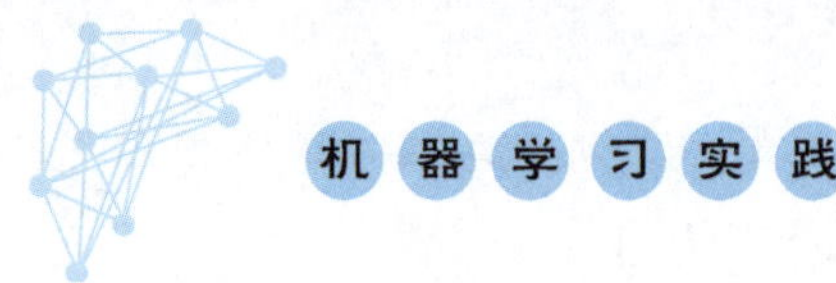


```
display(img.getchannel(0))
display(img.getchannel(1))
display(img.getchannel(2))
# 将矩阵保存成文本,数字格式为整数
np.savetxt('lena-r.txt', r, fmt='%4d')
np.savetxt('lena-g.txt', g, fmt='%4d')
np.savetxt('lena-b.txt', b, fmt='%4d')
# 获取到的R、G、B三个通道的图像展示如图5-7所示
```

图 5-7　三个通道图像展示

第二种方法：使用 cv2.split()分离颜色通道。首先，使用 cv2.imread()读取图片信息，获取图片的像素矩阵；然后，使用 cv2.split()对图像的像素矩阵进行分离；最后，使用 matplotlib.pyplot 将分离和合并结果展示出来。

```
# 引入依赖包
%matplotlib inline
import cv2
import matplotlib.pyplot as plt

img = cv2.imread('lena.jpg')

# 通道分割
b, g, r = cv2.split(img)

# 通道合并
RGB_Image=cv2.merge([b,g,r])
RGB_Image = cv2.cvtColor(RGB_Image, cv2.COLOR_BGR2RGB)
plt.figure(figsize=(12,12))

# 绘图展示各通道图像及合并后的图像
plt.subplot(141)
plt.imshow(RGB_Image,'gray')
plt.title('RGB_Image')
plt.subplot(142)
plt.imshow(r,'gray')
plt.title('R_Channel')
plt.subplot(143)
```

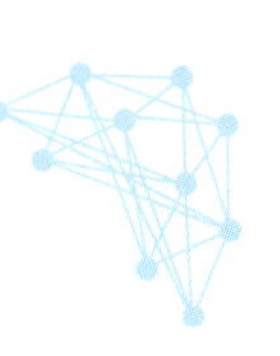

```
plt.imshow(g,'gray')
plt.title('G_Channel')
plt.subplot(144)
plt.imshow(b,'gray')
plt.title('B_Channel')
# 输出结果如图 5-8 所示
```

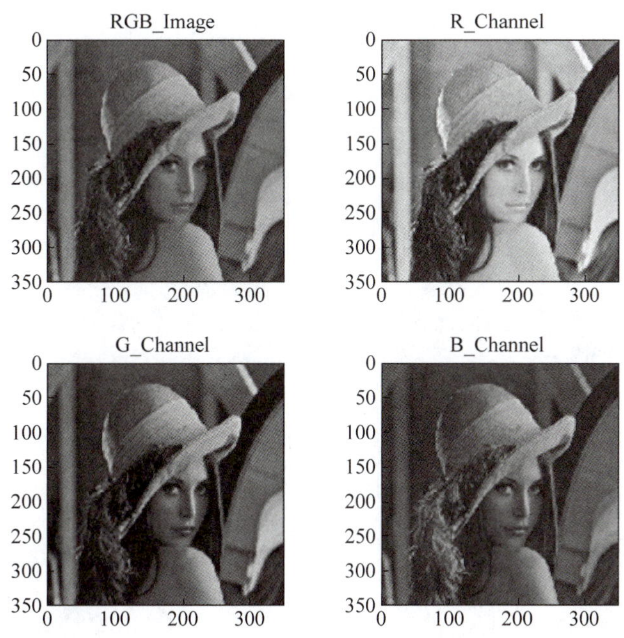

图 5-8　各通道图像及合并后的图像

步骤 2：图像的通道转换

上一步骤我们提前使用了 OpenCV 读取图片并进行通道分离，本步骤将会对 OpenCV 库的使用做更详细的介绍。

- cv2.imread()：用来读取图片，第一个参数是图片路径，第二个参数是一个标识，用来指定图像的读取方式。
- cv2.imshow()：用来显示图像，第一个参数是窗口的名字，第二个参数是图像数据。
- cv2.imwrite()：用来保存图像，第一个参数是要保存的文件名，第二个参数是要保存的图像。可选的第三个参数，它针对特定的格式：对于 JPEG，其表示的是图像的质量，用 0～100 的整数表示，默认为 95；对于 png，第三个参数表示的是压缩级别，默认为 3。

我们在使用 cv2.imread()读取图像时，cv2 会默认将三通道彩色图像转化为 GBR 格式，因此经常需要将其转化为 RGB 格式。本节的内容主要介绍如何使用 cv2.cvtColor()对图像通道进行转化以及如何将彩色图像转换为灰度图像。

在图像处理中最常用的颜色空间转换如下：

- RGB 或 BGR 到灰度(COLOR_RGB2GRAY，COLOR_BGR2GRAY)。

- RGB 或 BGR 到 YcrCb(或 YCC)(COLOR_RGB2YCrCb,COLOR_BGR2YCrCb)。
- RGB 或 BGR 到 HSV(COLOR_RGB2HSV,COLOR_BGR2HSV)。
- RGB 或 BGR 到 Luv(COLOR_RGB2Luv,COLOR_BGR2Luv)。
- 灰度到 RGB 或 BGR(COLOR_GRAY2RGB,COLOR_GRAY2BGR)。

(1) BGR 图像转换为灰度图像。

```
import numpy as np
import cv2
img = cv2.imread('lena.jpg') #默认为彩色图像
# 打印图片的形状
print(img.shape)
# 形状中包括行数、列数和通道数
height, width, channels = img.shape
print('图片高度: {},宽度: {},通道数: {}'.format(height,width,channels))
# 转换为灰度图
img_gray = cv2.cvtColor(img, cv2.COLOR_BGR2GRAY)
print(img_gray.shape)
```

读取的三通道彩色图像图片维度为(350,350,3)。

通过 cv2.cvtColor(img, cv2.COLOR_BGR2GRAY)获取到灰度图像的维度为(350,350),可以使用 cv2.imwrite()将图像进行保存。

```
# 保存灰度图,如图 5-9 所示
cv2.imwrite('img_gray.jpg', img_gray)
```

图 5-9 写灰度图

(2) GBR 图像转换为 RGB 图像。

将 GBR 图像转换为 RGB 图像的方式十分简单,只需要将 cv2.cvtColor()中第二个参数设置为 cv2.COLOR_BGR2RGB 即可。

```
import cv2
# 加载彩色图
img = cv2.imread('lena.jpg', 1)
# 将彩色图的 BGR 通道顺序转成 RGB
img = cv2.cvtColor(img, cv2.COLOR_BGR2RGB)
```

步骤 3: 图像拼接与缩放

图像拼接,顾名思义就是将两张图片拼接在一起成为一张图像。本实验先将一张图片从中间切割成两张图片,然后再进行拼接。

首先,我们用 cv2.imread()读取图 5-10,即获得图像的像素矩阵,然后,通过 numpy array 的 shape 方法获取矩阵的尺寸,根据尺寸将图像分割成两张图片。

```
img = cv2.imread('test.jpg')
# the image height
sum_rows = img.shape[0]
print(img.shape)
```

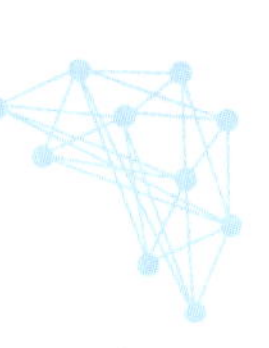

图 5-10　原始实验图

```
# print(sum_rows)
# the image length
sum_cols = img.shape[1]
# print(sum_cols)
part1 = img[0:sum_rows, 0:int(sum_cols/2)]
print(part1.shape)
part2 = img[0:sum_rows, int(sum_cols/2):sum_cols]
print(part2.shape)
plt.figure(figsize=(12,12))
# 显示分割后图片
plt.subplot(121)
plt.imshow(part1)
plt.title('Image1')
plt.subplot(122)
plt.imshow(part2)
plt.title('Image2')
# 分割后形成的图片如图 5-11 所示
```

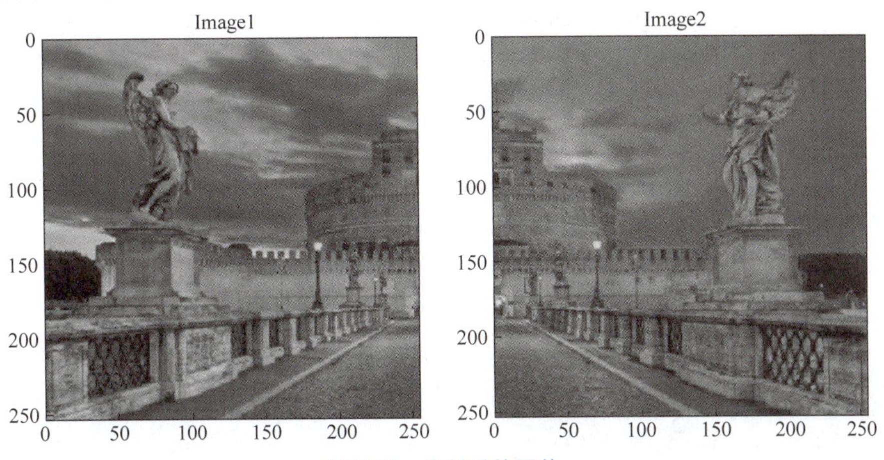

图 5-11　分割后的图片

接下来，尝试将两张图片进行拼接。我们根据原始图像的大小用 np.zeros()初始化一个全为 0 的矩阵 final_matrix，其尺寸大小为 254×510×3(与原始图像大小相同)；然后，将两张图像的像素矩阵赋值到 final_matrix 的响应位置，形成一个完整的像素矩阵，也就完成了图像的拼接。

```
# new image
final_matrix = np.zeros((254, 510, 3), np.uint8)
# change
final_matrix[0:254, 0:255] = part2
final_matrix[0:254, 255:510] = part2
plt.subplot(111)
plt.imshow(final_matrix)
plt.title('final_img')
# 拼接后的图像展示如图 5-12 所示
```

图 5-12 拼接后的图片

缩放图片就是调整图片的大小。在实验中我们使用 cv2.resize(input，output，size，fx，fy，interpolation)函数实现缩放。其中，input 为输入图片，output 为输出图片，size 为输出图片尺寸，fx 和 fy 为沿 x 轴和 y 轴缩放系数，interpolation 为缩放插入方法。

cv2.resize()提供了多种图片缩放插入方法，如下所示：

- cv2.INTER_NEAREST：最近邻插值。
- cv2.INTER_LINEAR：线性插值(默认缩放方式)。
- cv2.INTER_AREA：基于局部像素的重采样，区域插值。
- cv2.INTER_CUBIC：基于邻域 4×4 像素的二次插值。
- cv2.INTER_LANCZOS4：基于 8×8 像素邻域的 Lanczos 插值。

首先，读取一张图片并将其转换为 RGB 格式；然后使用 cv2.resize()将图片进行缩放，若缩放方法没有设置，则默认为线性插值方法，如下面代码所示。通过输出图片我们可以看到，我们将一张尺寸为 2180×1911 像素的图像缩放成了 400×500 像素，如图 5-13 所示。

```
img = cv2.imread('cat.png')
img = cv2.cvtColor(img, cv2.COLOR_BGR2RGB)
print(img.shape)
# 按照指定的宽度、高度缩放图片
res = cv2.resize(img, (400, 500))
plt.imshow(res)
```

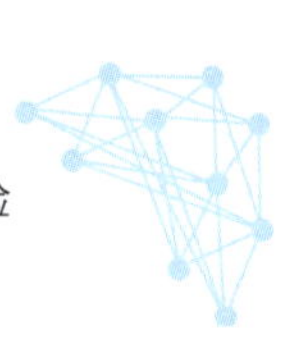

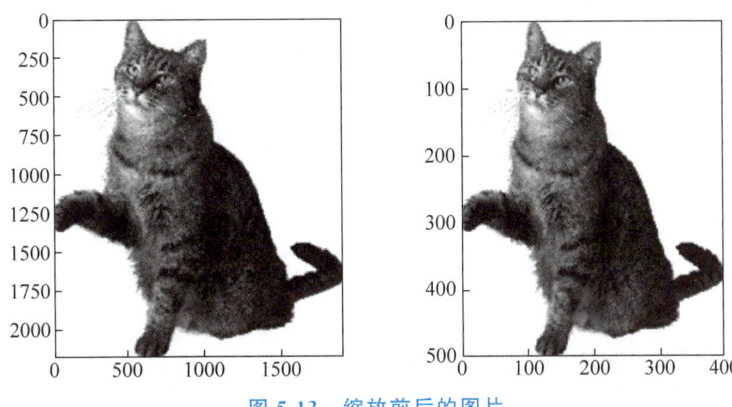

图 5-13　缩放前后的图片

尝试通过设置 x、y 轴缩放系数来对图像进行缩放，例如将 x，y 轴的取值分别放大 5 倍与 2 倍。

```
# 按照比例缩放，如 x，y 轴均放大 1 倍
res2 = cv2.resize(img, None, fx = 5, fy = 2, interpolation = cv2.INTER_LINEAR)
plt.imshow(res)
# 缩放后效果如图 5-14 所示
```

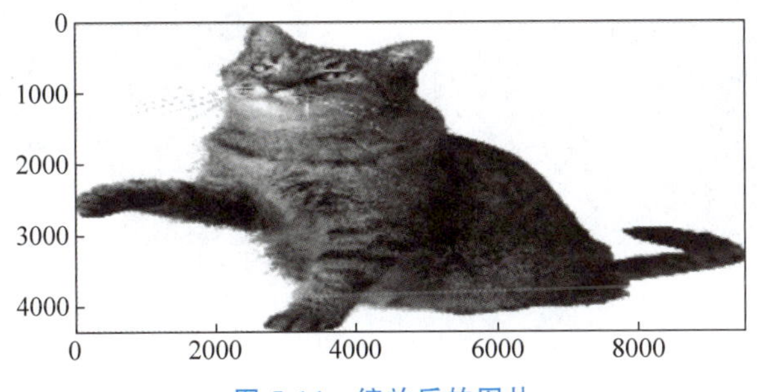

图 5-14　缩放后的图片

步骤 4：图像二值化处理

图像二值化是为了方便提取图像中的信息，二值图像在进行计算机识别时可以增加识别效率。我们已经知道图像像素点的灰度值在 0～255 之间，图像的二值化简单来说就是通过设定一个阈值，将像素点灰度值大于阈值变成一类值，小于阈值变成另一类值。

Opencv 提供的 cv2. threshold()可以用来方便地实现图像的二值化。该函数有四个参数，第一个原图像，第二个进行分类的阈值，第三个是高于(低于)阈值时赋予的新值，第四个是一个方法选择参数，常用的有：

- 0：cv2. THRESH_BINARY，当前点值大于阈值时，取 Maxval，也就是第四个参数，否则设置为 0。
- 1：cv2. THRESH_BINARY_INV，当前点值大于阈值时，设置为 0，否则设置为 Maxval。
- 2：cv2. THRESH_TRUNC，当前点值大于阈值时，设置为阈值，否则不改变。

- 3：cv2.THRESH_TOZERO，当前点值大于阈值时，不改变，否则设置为 0。
- 4：cv2.THRESH_TOZERO_INV，当前点值大于阈值时，设置为 0，否则不改变。

尝试对一张图片进行二值化，我们设置像素点的灰度值超过 127 则将该像素点灰度值重新赋值为 255，灰度值小于 127 的，我们将该像素点的灰度值重新赋值为 0。

```
import cv2

# 灰度图读入
img = cv2.imread('lena.jpg', 0)
# 颜色通道转换
img = cv2.cvtColor(img, cv2.COLOR_BGR2RGB)
ret, th = cv2.threshold(img, 127, 255, cv2.THRESH_BINARY)
# 阈值分割

plt.imshow(th)
# 二值化后的图像效果如图 5-15 所示
```

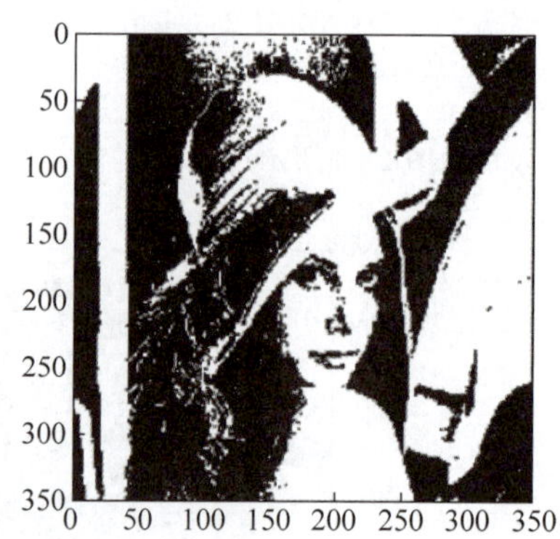

图 5-15　二值化前后的图片

步骤 5：图像归一化处理

图像的归一化是对图像的像素矩阵进行一系列的变化，使像素的灰度值都落入一个特定的区间。在机器学习中，对数据进行归一化可以加快训练网络的收敛性。

飞桨深度学习平台提供了 paddle.vision.transforms.normalize()方法可以方便的实现对图像数据的归一化。该方法包含四个参数，第一个参数为图像的 np.array 格式数据，第二个参数为用于每个通道归一化的均值，第三个参数为用于每个通道归一化的标准差值，第三个参数为数据的格式，第四个参数为是否转换为 rgb 的格式，默认为 False。

下面尝试对一张三通道图片进行归一化处理。我们设置图像三个通道的归一化后的均值分别为 0.31169346、0.25506335、0.12432463，图像三个通道的标准差分别为 0.34042713、0.29819837、0.1375536，图像的格式为‘HWC’，具体代码及归一化效果如下所示：

```
import numpy as np
from PIL import Image
from paddle.vision.transforms import functional as F
```

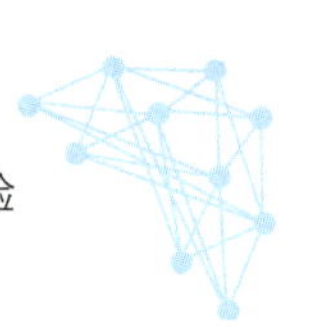


```
img = np.asarray(Image.open('lena.jpg'))

mean = [0.31169346, 0.25506335, 0.12432463]
std = [0.34042713, 0.29819837, 0.1375536]
normalized_img = F.normalize(img, mean, std, data_format='HWC')

normalized_img = Image.fromarray(np.uint8(normalized_img))
normalized_img.save('normalized_img.jpg')

# 归一化后效果对比如图 5-16 所示
```

图 5-16　归一化前后的图片

实践十七：基于卷积神经网络实现美食分类

本次实验中，我们使用卷积神经网络(CNN)解决美食图片的分类问题。CNN 由纽约大学的 Yann LeCun 于 1998 年提出。CNN 本质上是一个多层感知机，其成功的原因关键在于它所采用的局部连接和共享权值的方式，一方面减少了权值的数量使得网络易于优化，另一方面降低了过拟合的风险。

本实验代码运行的环境配置如下：Python 版本为 3.7，飞桨版本为 2.0，操作平台为 AI Studio。

步骤 1：美食识别数据集加载

本实验使用的数据集包含 5000 余张格式为 jpg 的三通道彩色图像，共 5 种食物类别。对于本实验中的数据包，具体处理及加载方式与宝石分类实验基本相同，主要步骤如下：

首先，我们定义 unzip_data()对数据集的压缩包进行解压，解压后可以观察到数据集文件夹结构如图 5-17 所示。

```
aistudio@jupyter-44484-2011726:~/data/foods$ tree -L 1
.
├── apple_pie
├── baby_back_ribs
├── baklava
├── beef_carpaccio
└── beef_tartare
```

图 5-17　数据集文件夹结构

然后，定义 get_data_list()遍历文件夹和图片，按照一定比例将数据划分为训练集和验证集，并生成图片 label、train. txt、eval. txt；最终生成的训练样本格式如图 5-18 所示，每条训练样本都由该图片的存储位置和对应的标签组成。

```
/home/aistudio/data/foods/apple_pie/2328227.jpg 1
/home/aistudio/data/foods/beef_carpaccio/1932385.jpg    0
/home/aistudio/data/foods/baby_back_ribs/2275499.jpg    3
/home/aistudio/data/foods/apple_pie/2602468.jpg 1
/home/aistudio/data/foods/baby_back_ribs/2878757.jpg    3
/home/aistudio/data/foods/apple_pie/1097378.jpg 1
/home/aistudio/data/foods/beef_tartare/1577426.jpg  2
```

图 5-18 训练样本形式

接下来，定义一个数据加载器 FoodDataset，用于加载训练和评估时要使用的数据。这里需要继承基类 Dataset。具体代码如下：

__init__：构造函数，实现数据的读取逻辑。

__getitem__：实现对数据的处理操作，返回图像的像素矩阵和标签值。

__len__：返回数据集样本个数。

```
Class FoodDataset(paddle.io.Dataset):
  def __init__(self, data_path, mode = 'train'):
    """
    数据读取器
    :param data_path: 数据集所在路径
    :param mode: train or eval
    """
    super().__init__()
    self.data_path = data_path
    self.img_paths = []
    self.labels = []

    if mode == 'train':
      with open(os.path.join(self.data_path, "train.txt"), "r", encoding = "utf - 8") as f:
        self.info = f.readlines()
      for img_info in self.info:
        imq path, label = img_info.strip().split('\t')
        self.img_paths.append(img_path)
        self.labels.append(int(label))

    else:
      with open(os.path.join(self.data_path, "eval.txt"), "r", encoding = "utf - 8") as f:
        self.info = f.readlines()
      for img_info in self.info:
        img_path, label = img_info.strip().split('\t')
        self.img_paths.append(img_path)
        self.labels.append(int(label))

def __getitem__(self, index):
  """
```

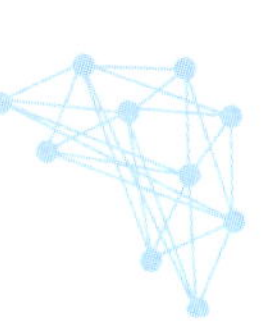

```
    获取一组数据
    :param index: 文件索引号
    :return:
    """
    # 第一步打开图像文件并获取 label 值
    img_path = self.img_paths[index]
    img = Image.open(img_path)
    if img.mode != 'RGB':
      img = img.convert('RGB')
    img = img.resize((64, 64), Image.BILINEAR)
    img = np.array(img).astype('float32')
    img = img.transpose((2, 0, 1)) / 255
    label = self.labels[index]
    label = np.array([label], dtype = "int64")
    return img, label

  def print_sample(self, index: int = 0):
    print("文件名", self.img_paths[index], "\t 标签值", self.labels[index])

  def __len__(self):
    return len(self.img_paths)
```

最后，利用 paddle.io.DataLoader()方法定义训练数据加载器 train_loader 和验证数据加载器 eval_loader，并设置 batch_size 大小。

```
# 训练数据加载
train_dataset = FoodDataset(data_path = 'data/',mode = 'train')
train_loader = paddle.io.DataLoader(train_dataset, batch_size = train_parameters['train_
batch_size'], shuffle = True)
# 测试数据加载
eval_dataset = FoodDataset(data_path = 'data/',mode = 'eval')
eval_loader = paddle.io.DataLoader(eval_dataset, batch_size = 8, shuffle = False)
```

步骤 2：自定义卷积神经网络

本任务使用的卷积网络结构(CNN)，输入的是归一化后的 RGB 图像样本，每张图像的尺寸被裁切到了 64×64，经过三次“卷积-池化”操作，最后连接一个输出层，具体模型结构如图 5-19 所示。

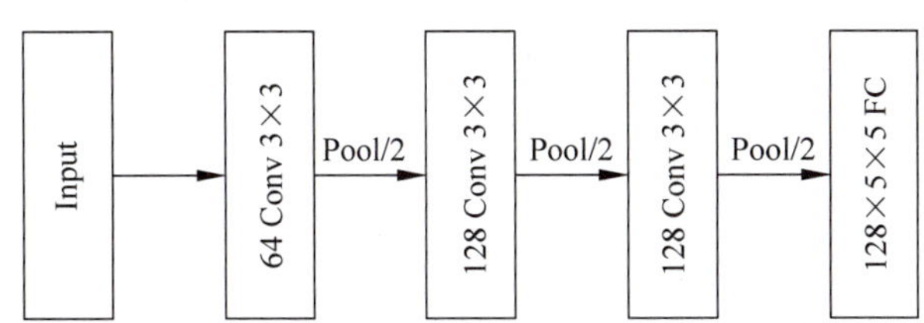

图 5-19 卷积神经网络实现美食分类结构

在了解了本实践的网络结构后，接下来就可以使用飞桨深度学习框架搭建该网络来解决美食识别的问题。本实践主要使用卷积神经网络进行图像的分类，自定义模型类

MyCNN，该类继承 nn.Layer 抽象类，实现模型训练、验证模式的切换等功能。在飞桨中，paddle.nn.Conv2D(in_channels, out_channels, kernel_size, stride=1, padding=0, dilation=1, groups=1, padding_mode='zeros', weight_attr=None, bias_attr=None, data_format='NCHW')可实现二维卷积，根据输入通道数(in_channels)、输出通道数(out_channels)、卷积核大小(kernel_size)、步长(stride)、填充(padding)、空洞大小(dilations)等参数计算输出特征层大小。输入和输出是 NCHW 或 NHWC 格式，其中 N 是批大小，C 是通道数，H 是特征高度，W 是特征宽度，卷积核是 MCHW 格式，M 是输出图像通道数，C 是输入图像通道数，H 是卷积核高度，W 是卷积核宽度，如果组数(groups)大于 1，C 等于输入图像通道数除以组数的结果，其中，输入的单个通道图像维度与输出的单个通道图像维度的对应计算关系如下：

$$H_{out}=\frac{(H_{in}+2*paddings[0]-(dilations[0]*(kernel\_size[0]-1)+1))}{strides[0]}+1$$

$$W_{out}=\frac{(W_{in}+2*paddings[1]-(dilations[1]*(kernel\_size[1]-1)+1))}{strides[1]}+1$$

在应用卷积操作之后，可以对卷积后的特征映射进行下采样，以达到降维的效果，本实践采用最大池化 paddle.nn.MaxPool2D(kernel_size, stride=None, padding=0, ceil_mode=False, return_mask=False, data_format='NCHW', name=None)类实现特征的下采样，其中，kernel_size 为池化核大小。如果它是一个元组或列表，它必须包含两个整数值 (pool_size_Height, pool_size_Width)。如果为一个整数，则它的平方值将作为池化核大小，比如若 pool_size=2，则池化核大小为 2×2；stride(可选)为池化层的步长，使用规则同 pool_size 相同，默认值为 None，这时会使用 kernel_size 作为 stride；padding (可选) 为池化填充，如果它是一个字符串，可以是"VALID"或者"SAME"，表示填充算法，如果它是一个元组或列表，它可以有 3 种格式：

(1) 包含 2 个整数值：[pad_height, pad_width]；

(2) 包含 4 个整数值：[pad_height_top, pad_height_bottom, pad_width_left, pad_width_right]；

(3) 包含 4 个二元组：当 data_format 为"NCHW"时为 [[0,0], [0,0], [pad_height_top, pad_height_bottom], [pad_width_left, pad_width_right]]，当 data_format 为"NHWC"时为[[0,0], [pad_height_top, pad_height_bottom], [pad_width_left, pad_width_right], [0,0]]，若为一个整数，则表示 H 和 W 维度上均为该值。

ceil_mode (可选)表示是否用 ceil 函数计算输出高度和宽度。

如果是 True，则使用 ceil 计算输出形状的大小；return_mask (可选)指示是否返回最大索引和输出，默认为 False；data_format (可选)：输入和输出的数据格式，可以是"NCHW"和"NHWC"，N 是批尺寸，C 是通道数，H 是特征高度，W 是特征宽度，默认值："NCHW"。

详细介绍了各个卷积类与池化类之后，我们可以实现分类算法如下：

```
import paddle.nn as nn
# 定义卷积网络
```

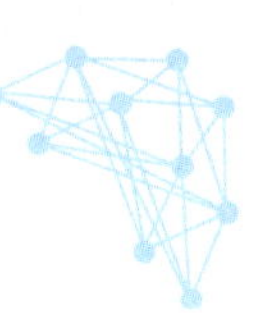

```
class MyCNN(nn.Layer):
  def __init__(self):
    super(MyCNN, self).__init__()
    self.conv0 = nn.Conv2D(in_channels=3,
                           out_channels=64,
                           kernel_size=3,
                           padding=0,
                           stride=1)
    self.pool0 = nn.MaxPool2D(kernel_size=2, stride=2)
    self.conv1 = nn.Conv2D(in_channels=64,
                           out_channels=128,
                           kernel_size=4,
                           padding=0,
                           stride=1)
    self.pool1 = nn.MaxPool2D(kernel_size=2, stride=2)
    self.conv2 = nn.Conv2D(in_channels = 128,
                           out_channels=128,
                           kernel_size=5,
                           padding=0)
    self.pool2 = nn.MaxPool2D(kernel_size=2, stride=2)
    self.fc1 = nn.Linear(in_features=128*5*5, out_features=5)

  def forward(self,input):
    x = self.conv0(input)
    x = self.pool0(x)
    x = self.conv1(x)
    x = self.pool1(x)
    x = self.conv2(x)
    x = self.pool2(x)
    x = fluid.layers.reshape(x,shape=[-1,50*5*5])
    y = self.fc1(x)
    return y
```

步骤 3：模型训练与评估

以上我们已经定义好 MyCNN 模型结构，接下来实例化一个模型并进行迭代训练，对于分类问题，依旧使用交叉熵损失函数，使用 paddle.optimizer.SGD 优化器进行参数梯度的计算，具体代码如下：

```
model = MyCNN()                                          # 模型实例化
model.train()                                            # 训练模式
cross_entropy = paddle.nn.CrossEntropyLoss()
opt = paddle.optimizer.SGD(learning_rate=0.001, parameters=model.parameters())

epochs_num = train_parameters['num_epochs']              # 迭代次数
for pass_num in range(train_parameters['num_epochs']):
  for batch_id,data in enumerate(train_loader()):
    image = data[0]
    label = data[1]
```

```
        predict = model(image)                                    # 数据传入 model
        loss = cross_entropy(predict, label)
        acc = paddle.metric.accuracy(predict, label.reshape([-1,1]))    # 计算精度
        # acc = np.mean(label == np.argmax(predict, axis = 1))

        if batch_id!= 0 and batch_id % 10 == 0:
          Batch = Batch + 10
          Batchs.append(Batch)
          all_train_loss.append(loss.numpy()[0])
          all_train_accs.append(acc.numpy()[0])
          print("epoch:{},step:{},train_loss:{},train_acc:{}".format(pass_num, batch_id, loss.
numpy()[0], acc.numpy()[0]))
        loss.backward()
        opt.step()
        opt.clear_grad()                              # opt.clear_grad()来重置梯度
paddle.save(model.state_dict(), 'MyCNN')              # 保存模型
```

保存模型之后，接下来我们对模型进行评估。模型评估就是在验证数据集上计算模型输出结果的准确率。与训练部分代码不同，评估模型时不需要进行参数优化，因此，需要使用验证模式，具体代码如下：

```
# 模型评估
para_state_dict = paddle.load("MyCNN")
model = MyCNN()
model.set_state_dict(para_state_dict)                # 加载模型参数
model.eval()                                          # 验证模式

accs = []

for batch_id, data in enumerate(eval_loader()):       # 测试集
  image = data[0]
  label = data[1]
  predict = model(image)
  acc = paddle.metric.accuracy(predict, label)
  accs.append(acc.numpy()[0])
  avg_acc = np.mean(accs)
print("当前模型在验证集上的准确率为:", avg_acc)
```

实践十八：基于 VGG-16 实现中草药分类

本实验我们使用 VGG 网络模型解决中草药的分类问题。VGGNet 是牛津大学计算机视觉组和 Google DeepMind 公司的研究员一起研发的深度卷积神经网络。VGG 主要探究了卷积神经网络的深度和其性能之间的关系，通过反复堆叠 3×3 的小卷积核和 2×2 的最大池化层，VGGNet 成功的搭建了 16～19 层的深度卷积神经网络，通过不断加深网络来提升性能。

本实验代码运行的环境配置如下：Python 版本为 3.7，飞桨版本为 2.0，操作平台为 AI Studio。

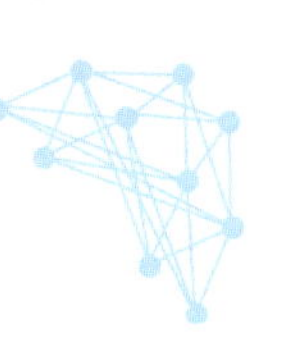

步骤 1：中草药分类数据集准备

本实验使用的数据集包含 900 余张格式为 jpg 的三通道彩色图像，共 5 种中草药类别。我们在 AIstudio 上提供了本实验的数据集压缩包 Chinese Medicine. zip。对于本实验中的数据包，具体处理与加载方式与美食分类实验基本相同，主要步骤如下：

首先，我们定义 unzip_data()对数据集的压缩包进行解压，解压后可以观察到数据集文件夹结构如图 5-20 所示。

```
aistudio@jupyter-44484-2011752:~/data/Chinese Medicine$ tree -L 1
.
├── baihe
├── dangshen
├── gouqi
├── huaihua
└── jinyinhua
```

图 5-20　数据集文件夹结构

然后，定义 get_data_list()遍历文件夹和图片，按照一定比例将数据划分为训练集和验证集，并生成图片 label、train. txt、eval. txt；训练数据的格式如图 5-21 所示，其与实践十七中的样本格式一致。

```
/home/aistudio/data/Chinese Medicine/jinyinhua/jyh_129.jpg  0
/home/aistudio/data/Chinese Medicine/dangshen/dangshen_32.jpg   1
/home/aistudio/data/Chinese Medicine/gouqi/cgcjyfyj (2).jpg 2
/home/aistudio/data/Chinese Medicine/gouqi/u=1010307075,2293841367&fm=26&gp=0.jpg   2
/home/aistudio/data/Chinese Medicine/huaihua/huaihua_61.jpg 3
/home/aistudio/data/Chinese Medicine/dangshen/dangshen_157.jpg  1
/home/aistudio/data/Chinese Medicine/dangshen/dangshen_122.jpg  1
/home/aistudio/data/Chinese Medicine/dangshen/dangshen_144.jpg  1
/home/aistudio/data/Chinese Medicine/gouqi/cgcjyfyj (34).jpg    2
```

图 5-21　训练集样本格式

接下来，定义一个数据加载器 dataset，用于加载训练和评估时要使用的数据。数据加载器定义方式与 Reader 定义方式相同；

最后，利用 paddle. io. DataLoader()方法定义训练数据加载器 train_loader 和验证数据加载器 eval_loader，并设置 batch_size 大小。

```
# 训练数据加载
train_dataset = dataset('/home/aistudio/data',mode = 'train')
train_loader = paddle.io.DataLoader(train_dataset, batch_size = 16, shuffle = True)
# 测试数据加载
eval_dataset = dataset('/home/aistudio/data',mode = 'eval')
eval_loader = paddle.io.DataLoader(eval_dataset, batch_size = 8, shuffle = False)
```

步骤 2：VGG-16 网络搭建

VGGNet 引入“模块化”的设计思想，将不同的层进行简单组合构成网络模块，再用模块来组装成完整网络，而不再是以“层”为单元组装网络。本实验使用的是 VGG-16 网络模型，输入是归一化后的RGB图像样本，每张图像的尺寸被裁切到了224×224，使用ReLU作为激活函数，在全连接层使用Dropout防止过拟合。VGGNet中所有的3×3卷积(conv3)都是等长卷积(步长1，填充1)，因此特征图的尺寸在模块内是不变的。特征图每经过一次池化，其高度和宽度减少一半，作为弥补，其通道数增加1倍，最后通过全连接与Softmax层输出结果。VGG-16结构如图5-22所示。

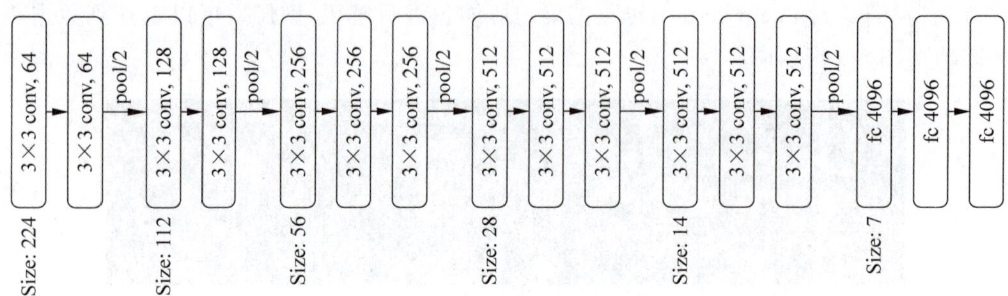

图5-22 VGG-16网络结构

在了解了VGG-16的网络结构后，接下来就可以使用飞桨深度学习框架来搭建一个VGG-16网络来解决中草药识别问题。

首先，根据“模块化”的思想，我们定义VGG-16要使用的“卷积池化”模块ConvPool，在该模块中，使用一种新的定义可训练层的方法，即paddle.nn.Layer.add_sublayer(name, sublayer)，该方法为封装在Layer类中的函数，实现子层实例的添加，需要传递两个参数：子层名name(str)与Layer实例sublayer(Layer)，可以通过self.name访问该sublayer，ConvPool类实现如下：

```
class ConvPool(paddle.nn.Layer):
    '''卷积+池化'''
    def __init__(self,
                 num_channels,
                 num_filters,
                 filter_size,
                 pool_size,
                 pool_stride,
                 groups,
                 conv_stride = 1,
                 conv_padding = 1,
                 ):
        super(ConvPool, self).__init__()

        for i in range(groups):
            self.add_sublayer(                          # 添加子层实例
                'bb_%d' % i,
                paddle.nn.Conv2D(                       # layer
                in_channels = num_channels,             # 通道数
                out_channels = num_filters,             # 卷积核个数
                kernel_size = filter_size,              # 卷积核大小
                stride = conv_stride,                   # 步长
```

```
          padding = conv_padding,                    # padding
          )
        )
        self.add_sublayer(
          'relu%d' % i,
          paddle.nn.ReLU()
        )
        num_channels = num_filters


      self.add_sublayer(
        'Maxpool',
        paddle.nn.MaxPool2D(
        kernel_size=pool_size,                       # 池化核大小
        stride=pool_stride                           # 池化步长
        )
      )

    def forward(self, inputs):
      x = inputs
      for prefix, sub_layer in self.named_children():
        x = sub_layer(x)
      return x
```

接下来,我们利用 Convpool 模块定义 VGG-16 网络模型,具体代码如下:

```
class VGGNet(paddle.nn.Layer):
  def __init__(self):
    super(VGGNet, self).__init__()
    self.convpool01 = ConvPool(
      3, 64, 3, 2, 2, 2) #3:通道数,64: 卷积核个数,3:卷积核大小,2:池化核大小,2:池化步长,
2:连续卷积个数
    self.convpool02 = ConvPool(
      64, 128, 3, 2, 2, 2)
    self.convpool03 = ConvPool(
      128, 256, 3, 2, 2, 3)
    self.convpool04 = ConvPool(
      256, 512, 3, 2, 2, 3)
    self.convpool05 = ConvPool(
      512, 512, 3, 2, 2, 3)
    self.pool_5_shape = 512 * 7 * 7
    self.fc01 = paddle.nn.Linear(self.pool_5_shape, 4096)
    self.fc02 = paddle.nn.Linear(4096, 4096)
    self.fc03 = paddle.nn.Linear(4096, train_parameters['class_dim'])

  def forward(self, inputs, label=None):
    # print('input_shape:', inputs.shape) #[8, 3, 224, 224]
    """前向计算"""
    out = self.convpool01(inputs)
    out = self.convpool02(out)
```

```
        out = self.convpool03(out)
        out = self.convpool04(out)
        out = self.convpool05(out)

        out = paddle.reshape(out, shape=[-1, 512*7*7])
        out = self.fc01(out)
        out = self.fc02(out)
        out = self.fc03(out)

        if label is not None:
          acc = paddle.metric.accuracy(input=out, label=label)
          return out, acc
        else:
          return out
```

步骤3：模型训练与评估

前面我们已经定义好VGGNet模型结构，接下来实例化一个模型并进行迭代训练，本实践使用交叉熵损失函数，使用paddle.optimizer.Adam(learning_rate=0.001，beta1=0.9，beta2=0.999，epsilon=1e-08，parameters=None，weight_decay=None，grad_clip=None，name=None，lazy_mode=False)优化器，该优化器能够利用梯度的一阶矩估计和二阶矩估计动态调整每个参数的学习率，其中，learning_rate为学习率，用于参数更新的计算，可以是一个浮点型值或者一个_LRScheduler类，默认值为0.001；beta1为一阶矩估计的指数衰减率，是一个float类型或者一个shape为[1]，默认值为0.9；beta2为二阶矩估计的指数衰减率，默认值为0.999；epsilon为保持数值稳定性的短浮点类型值，默认值为1e-08；parameters指定优化器需要优化的参数，在动态图模式下必须提供该参数，在静态图模式下默认值为None，这时所有的参数都将被优化；weight_decay为正则化方法，可以是L2正则化系数或者正则化策略；grad_clip为梯度裁剪的策略，支持三种裁剪策略：paddle.nn.ClipGradByGlobalNorm、paddle.nn.ClipGradByNorm、paddle.nn.ClipGradByValue，默认值为None，此时将不进行梯度裁剪；lazy_mode设为True时，仅更新当前具有梯度的元素。VGGNet具体代码如下：

```
model = VGGNet()
model.train()
cross_entropy = paddle.nn.CrossEntropyLoss()
optimizer = paddle.optimizer.Adam(learning_rate = train_parameters['learning_strategy']
['lr'],parameters = model.parameters())

steps = 0
Iters, total_loss, total_acc = [], [], []

for epo in range(train_parameters['num_epochs']):
  for _, data in enumerate(train_loader()):
    steps += 1
    x_data = data[0]
    y_data = data[1]
```

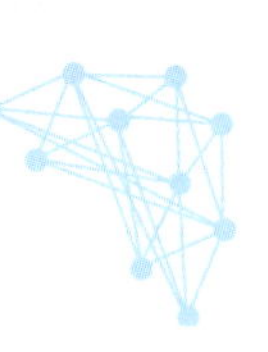

```
        predicts, acc = model(x_data, y_data)
        loss = cross_entropy(predicts, y_data)
        loss.backward()
        optimizer.step()
        optimizer.clear_grad()
        if steps % train_parameters["skip_steps"] == 0:
          Iters.append(steps)
          total_loss.append(loss.numpy()[0])
          total_acc.append(acc.numpy()[0])
          # 打印中间过程
          print('epo: {}, step: {}, loss is: {}, acc is: {}'.format(epo, steps, loss.numpy(), acc.
numpy()))
        # 保存模型参数
        if steps % train_parameters["save_steps"] == 0:
          save_path = train_parameters["checkpoints"] + "/" + "save_dir_" + str(steps) + '.pdparams'
          print('save model to: ' + save_path)
          paddle.save(model.state_dict(),save_path)
paddle.save(model.state_dict(),train_parameters["checkpoints"] + "/" + "save_dir_final.
pdparams")
```

保存模型之后,接下来我们对模型进行评估。模型评估就是在验证数据集上计算模型输出结果的准确率。与训练部分代码不同,评估模型时不需要进行参数优化,因此,需要使用验证模式,具体代码如下:

```
model__state_dict = paddle.load('work/checkpoints/save_dir_final.pdparams')
model_eval = VGGNet()
model_eval.set_state_dict(model__state_dict)
model_eval.eval()
accs = []

for _, data in enumerate(eval_loader()):
  x_data = data[0]
  y_data = data[1]
  predicts = model_eval(x_data)
  acc = paddle.metric.accuracy(predicts, y_data)
  accs.append(acc.numpy()[0])
print('模型在验证集上的准确率为: ',np.mean(accs))
```

实践十九：基于 ResNet-50 实现 CIFAR10 数据集分类

步骤 1：CIFAR10 数据集介绍与使用

本实验使用的是 CIFAR-10 数据集,该数据集是由 Hinton 的学生 Alex Krizhevsky 和 Ilya Sutskever 整理的一个用于识别普适对象的小型数据集。数据集中一共包含 10 个类别的 RGB 彩色图片:飞机(airplane)、汽车(automobile)、鸟类(bird)、猫(cat)、鹿(deer)、狗(dog)、蛙类(frog)、马(horse)、船(ship)和卡车(truck)。每张图片的尺寸为 32×32 ,每个类别有 6000 个图像,数据集中一共有 50 000 张训练图片和 10 000 张测试图片。CIFAR-10 数据是一个非常经典的数据集,飞桨深度学习平台中对该数据集进行了内置。因此,调用飞桨提供的 paddle. vision. datasets. Cifar10()接口就可以直接使用该数据集。paddle. vision. datasets. Cifar10()接口的参数 mode 用来设定选择加载训练数据或测试数据,参数 transform 用来设定图像的预处理方式。ToTensor()函数可以将 PIL. Image 或 numpy. ndarray 转换成 paddle. Tensor。Cifar10 数据加载的代码如下所示:

```
train_dataset = paddle.vision.datasets.Cifar10(mode = 'train', transform = ToTensor())
eval_dataset = paddle.vision.datasets.Cifar10(mode = 'test',
                transform = ToTensor())
```

步骤 2:ResNet-50 模型

ResNet 全名 Residual Network 残差网络。经典的 ResNet 结构有 ResNet18、ResNet34、ResNet50 等等,其结构如图 5-23 所示。

layer name	output size	18-layer	34-layer	50-layer	101-layer	152-layer
conv1	112×112	7×7,64, stride2				
		3×3 max pool, stride 2				
conv2_x	56×56	$\begin{bmatrix}3\times3,64\\3\times3,64\end{bmatrix}\times2$	$\begin{bmatrix}3\times3,64\\3\times3,64\end{bmatrix}\times3$	$\begin{bmatrix}1\times1,64\\3\times3,64\\1\times1,256\end{bmatrix}\times3$	$\begin{bmatrix}1\times1,64\\3\times3,64\\1\times1,256\end{bmatrix}\times3$	$\begin{bmatrix}1\times1,64\\3\times3,64\\1\times1,256\end{bmatrix}\times3$
conv3_x	28×28	$\begin{bmatrix}3\times3,128\\3\times3,128\end{bmatrix}\times2$	$\begin{bmatrix}3\times3,128\\3\times3,128\end{bmatrix}\times4$	$\begin{bmatrix}1\times1,128\\3\times3,128\\1\times1,512\end{bmatrix}\times4$	$\begin{bmatrix}1\times1,128\\3\times3,128\\1\times1,512\end{bmatrix}\times4$	$\begin{bmatrix}1\times1,128\\3\times3,128\\1\times1,512\end{bmatrix}\times8$
conv4_x	14×14	$\begin{bmatrix}3\times3,256\\3\times3,256\end{bmatrix}\times2$	$\begin{bmatrix}3\times3,256\\3\times3,256\end{bmatrix}\times6$	$\begin{bmatrix}1\times1,256\\3\times3,256\\1\times1,1024\end{bmatrix}\times6$	$\begin{bmatrix}1\times1,256\\3\times3,256\\1\times1,1024\end{bmatrix}\times23$	$\begin{bmatrix}1\times1,256\\3\times3,256\\1\times1,1024\end{bmatrix}\times36$
conv5_x	7×7	$\begin{bmatrix}3\times3,512\\3\times3,512\end{bmatrix}\times2$	$\begin{bmatrix}3\times3,512\\3\times3,512\end{bmatrix}\times3$	$\begin{bmatrix}1\times1,512\\3\times3,512\\1\times1,2048\end{bmatrix}\times3$	$\begin{bmatrix}1\times1,512\\3\times3,512\\1\times1,2048\end{bmatrix}\times3$	$\begin{bmatrix}1\times1,512\\3\times3,512\\1\times1,2048\end{bmatrix}\times3$
	1×1	average pool, 1000-d fc, softmax				
FLOPs		1.8×10^9	3.6×10^9	3.8×10^9	7.6×10^9	11.3×10^9

图 5-23 ResNet 网络组成

本节实验使用 ResNet50 结构。在 ResNet50 结构中,首先是一个卷积核大小为 7×7 的卷积层;接下来是 4 个 Block 结构,其中每个 block 都包含 3 个卷积层,具体参数如图 5-23 所示;最后是一个用于分类的全连接层。

飞桨深度学习平台对于计算机视觉领域内置集成了很多经典模型,可以通过如下代码进行查看:

```
print('飞桨内置网络:', paddle.vision.models.__all__)
```

通过查看结果,可以看到 ResNet50 已经内置于 paddle. vision 中,通过如下代码可以直接获取模型实例:

```
model = paddle.vision.models.resnet50()          # 获取模型实例
paddle.summary(model,(1,3,32,32))                # 打印模型参数结构
```

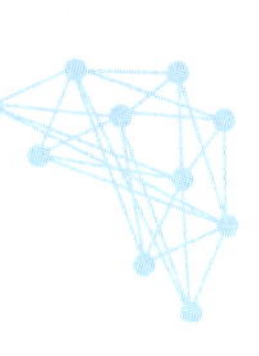

步骤 3：模型训练与评估

对于模型的训练和评估，除了之前介绍的基础方式外，飞桨深度学习平台提供了便捷的高层 API，本实验的模型训练与评估就使用高层 API 对模型进行训练和评估。

首先，需要用 paddle. Model()方法封装实例化的模型：

```
# 用 Model 封装模型
model = paddle.Model(model)
```

然后，通过 Model 对象的 prepare 方法对优化方法、损失函数、评估方法进行设置：

```
# 定义损失函数
model.prepare(optimizer = paddle.optimizer.Adam(parameters = model.parameters()), loss =
              paddle.nn.CrossEntropyLoss(), metrics = paddle.metric.Accuracy())
```

最后，通过 Model 对象的 fit 方法对训练数据、验证数据、训练轮次、批次大小进行加载、日志打印、模型保存等参数进行设置，并进行模型训练和评估。具体代码如下所示：

```
# 启动模型全流程训练
model.fit(train_dataset,                    # 训练数据集
  eval_dataset,                             # 评估数据集
  epochs = epoch_num,                       # 总的训练轮次
  batch_size = batch_size,                  # 批次计算的样本量大小
  shuffle = True,                           # 是否打乱样本集
  verbose = 1,                              # 日志展示格式
  save_dir = './chk_points/',               # 分阶段的训练模型存储路径
  )
# 运行输出结果示例如图 5-24 所示
```

```
The loss value printed in the log is the current step, and the metric is the average value of previous step.
Epoch 1/1
step 782/782 [==============================] - loss: 1.1956 - acc: 0.5071 - 106ms/step
save checkpoint at /home/aistudio/chk_points/0
Eval begin...
The loss value printed in the log is the current batch, and the metric is the average value of previous step.
step 157/157 [==============================] - loss: 1.7141 - acc: 0.4521 - 90ms/step
Eval samples: 10000
save checkpoint at /home/aistudio/chk_points/final
```

图 5-24　训练过程部分输出

我们也可以单独调用 Model 对象的 evaluate 方法对模型进行评估，代码如下：

```
model.evaluate(eval_dataset, batch_size = batch_size, verbose = 1)
# 运行结果示例如图 5-25 所示
```

```
Eval begin...
The loss value printed in the log is the current batch, and the metric is the average value of previous step
step 157/157 [==============================] - loss: 1.7141 - acc: 0.4521 - 65ms/step
Eval samples: 10000
{'loss': [1.7140898], 'acc': 0.4521}
```

图 5-25　验证结果

第6章　自然语言处理基础实验

自然语言处理(Natural Language Processing,NLP)是计算机科学领域与人工智能领域中的一个重要方向。它研究能实现人与计算机之间用自然语言进行有效通信的各种理论和方法,是一门融语言学、计算机科学、数学于一体的科学,主要应用于机器翻译、舆情监测、自动摘要、观点提取、文本分类、问题回答、文本语义对比、语音识别、中文OCR等方面。

实践二十:文本数据处理实践

文本数据指的是一篇文章、一句话、或者一个字。现实生活中的文本都是以人的表达方式展现的,是一个流数据、时间序列数据。如果要用计算机对文本数据进行处理,就必须将文本数据表示为计算机能够运算的数字或向量。

文本数据处理首先需要经过分词、去停用词等操作,然后用词嵌入(Word Embedding)的方法对文本进行向量化表示。词嵌入就是将文本中的词嵌入到文本空间中,用一个向量来表示它,包括离散表示和分布式表示两种方式。本节先介绍基于one-hot和TF-IDF的两种离散表示方式。本次实验平台为百度AI Studio,Python版本为Python3.7。

步骤1:数据准备

本次实验使用的数据集包括中、英文两种,目录结构如下所示:

```
./work/
├── data1.txt                                    # 英文数据
└── data2.txt                                    # 中文数据
```

中、英文数据格式如图6-1所示。

```
['AI Studio\n', 'is a one-stop online development platform\n', 'based on
PaddlePaddle,\n', 'Baidu self-developed deep learning framework.\n']

['AI Studio是基于百度深度学习平台飞桨的人工智能学习与实训社区, \n', '提供在
线编程环境、免费GPU算力、海量开源算法和开放数据, \n', '帮助开发者快速创建和部
署模型。\n']
```

图6-1　训练数据格式

步骤2:one-hot文本向量化

one-hot表示很容易理解:将语料库中所有不重复的单词提取出来,得到一个大小为V

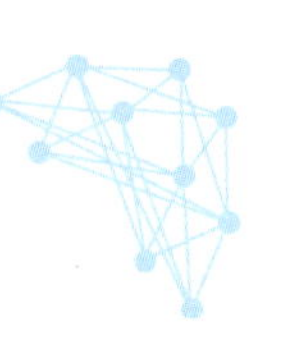

的词汇表,然后用一个 V 维的向量来表示一篇文章,向量中的第 i 个维度为 1 表示词汇表中的第 i 个单词出现在文章中,否则为 0。

本次使用的语料库是步骤 1 中的中文数据,首先对该语料库进行词汇表的构建:

```
import numpy as np
# 从文件中进行数据读取,每个样本是列表的一个元素
train_data = open('work/data2.txt')
samples = []
for data in train_data:
    samples.append(data)

# 构建词汇表
token_index = {}
for sample in samples:
    # 利用 jieba 工具对样本进行分词
    for word in jieba.lcut(sample):
        if word not in token_index:
            # 为每个唯一的单词指定唯一索引
            token_index[word] = len(token_index) + 1
print(token_index)
```

构建的词汇表以{char: index}的格式保存在 Python 的 dict 类型中,如图 6-2 所示。

```
{'AI': 1, ' ': 2, 'Studio': 3, '是': 4, '基于': 5, '百度': 6, '深度
': 7, '学习': 8, '平台': 9, '飞桨': 10, '的': 11, '人工智能': 12, '与
': 13, '实训': 14, '社区': 15, ',': 16, '\n': 17, '提供': 18, '在线
': 19, '编程': 20, '环境': 21, '、': 22, '免费': 23, 'GPU': 24, '算
力': 25, '海量': 26, '开源': 27, '算法': 28, '和': 29, '开放': 30, '
数据': 31, '帮助': 32, '开发者': 33, '快速': 34, '创建': 35, '部署': 3
6, '模型': 37, '。': 38}
```

图 6-2　词汇表保存格式

接下来我们对文档进行 one-hot 向量表示,表示结果如图 6-3 所示。

```
results = np.zeros((len(samples), max(token_index.values()) + 1))
for i, sample in enumerate(samples):
    for word in list(jieba.lcut(sample)):
        j = token_index.get(word)
        #将结果保存在 results 中
        results[i, j] = 1
for i in range(len(samples)):
    # 打印原始语料
    print(f'data:{samples[i][: - 1]}')
    # 打印语料的 one - hot 表示
    print(f'ont - hot:{results[i]}')
```

当语料库非常大时,需要建立一个很大的字典对所有单词进行索引编码,这导致了矩阵稀疏问题(one-hot 矩阵中大多数元素都是 0)。

```
data:是集深度学习核心框架、
ont-hot:[0. 1. 1. 1. 1. 1. 1. 1. 1. 0. 0. 0. 0. 0. 0. 0. 0. 0. 0. 0. 0. 0. 0. 0.
 0. 0. 0. 0. 0. 0. 0. 0. 0. 0. 0. 0. 0. 0. 0. 0. 0. 0. 0. 0. 0. 0. 0. 0.
 0. 0. 0. 0. 0.]
data:工具组件和服务平台为一体的技术先进、
ont-hot:[0. 0. 0. 0. 0. 0. 0. 1. 1. 1. 1. 1. 1. 1. 1. 1. 1. 1. 0. 0. 0. 0. 0. 0.
 0. 0. 0. 0. 0. 0. 0. 0. 0. 0. 0. 0. 0. 0. 0. 0. 0. 0. 0. 0. 0. 0. 0. 0.
 0. 0. 0. 0. 0.]
data:功能完备的开源深度学习平台,
ont-hot:[0. 0. 0. 1. 1. 0. 0. 0. 1. 0. 0. 0. 0. 0. 0. 1. 0. 0. 1. 1. 1. 1. 1. 0.
 0. 0. 0. 0. 0. 0. 0. 0. 0. 0. 0. 0. 0. 0. 0. 0. 0. 0. 0. 0. 0. 0. 0. 0.
 0. 0. 0. 0. 0.]
```

图 6-3　文档 one-hot 表示

步骤 3：TF-IDF 文本向量化

TF-IDF 是基于频率统计得到的文本表示，它的主要思想是：字词的重要性会随着它在文档中出现的次数成正比增加，但同时会随着它在语料库中出现的频率成反比下降。

TF-IDF 分数由两部分组成：第一部分是词频（Term Frequency），第二部分是逆文档频率（Inverse Document Frequency）。

$$tf_{i,j}=\frac{n_{i,j}}{\sum_k n_{k,j}}$$

其中，$n_(i,j)$表示单词 i 在文档 j 中出现的次数，$\sum_k n_{k,j}$ 表示文档 j 中所有单词出现的次数总和。

$$idf_i=\log\frac{|D|}{|\{j:t_i\in d_j\}|}$$

其中，$|D|$是语料库中的文档个数，$|\{j:t_i\in d_j\}|$表示包含单词 t_i 的文档个数。如果某个单词不在语料库中，就会导致上述公式中的分母为零，因此更常用的 IDF 计算公式是经过平滑之后的：

$$idf_i=\log\frac{|D|}{|\{j:t_i\in d_j\}|+1}$$

对于文档 j 中的单词 i，其 TF-IDF 表示形式为：$w_{i,j}=tf_{i,j}\times idf_i$。

我们直接使用 sklearn 库中封装好的方法对步骤 1 中的英文数据进行 TF-IDF 表示，表示结果如图 6-4 所示。

```
# 加载相应的包
import numpy as np
from sklearn.feature_extraction.text import CountVectorizer
from sklearn.feature_extraction.text import TfidfTransformer

def sklearn_tfidf():
    train_data = open('work/data1.txt')
    samples = []
    for data in train_data:
```

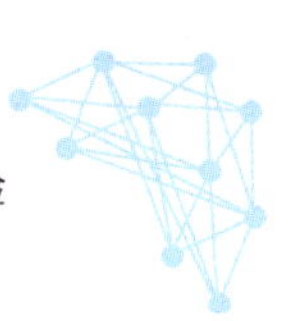

```
    samples.append(data)

# 创建词袋数据结构
vectorizer = CountVectorizer()
# 将文本中的词语转换为词频矩阵,矩阵元素 a[i][j]表示单词 j 在第 i 个文档中的词频
X = vectorizer.fit_transform(samples)

transformer = TfidfTransformer()
tfidf = transformer.fit_transform(X)            # 将词频矩阵 X 统计成 TF - IDF 值
for I in range(len(samples)):
    print(samples[i])
    print(tfidf.toarray()[i])
```

```
AI Studio

[0.70710678 0.         0.         0.         0.         0.
 0.         0.         0.         0.         0.         0.
 0.         0.         0.         0.         0.70710678]
is a one-stop online development platform

[0.         0.         0.         0.         0.         0.40824829
 0.         0.40824829 0.         0.         0.40824829 0.40824829
 0.         0.40824829 0.         0.40824829 0.         ]
```

图 6-4　TF_IDF 文本表示

实践二十一：基于 CBOW 实现 Word2Vec

实践二十中我们介绍了文本表示的两种离散形式：one-hot 和 TF-IDF。离散表示虽然能够对单词或者文本进行向量化的表示，但是这种表示方法无法反映单词之间的相似程度，如“漂亮”和“美丽”的意思相似，然而无论是 one-hot 方法还是 TF-IDF 方法，都无法将这种相似性体现出来。我们希望在整个文本的表示空间内，意思越相近的单词距离越近，离散表示无法达到这样的效果，因此引入了分布式表示方法，即 Word2Vec。

Word2Vec 指的是把每个词都表示为一个 N 维空间内的点，即一个高维空间内的向量，这些向量在一定意义上可以代表这个词的语义信息。通过计算这些向量之间的距离，就可以计算出词语之间的关联关系，从而达到让计算机像计算数值一样去计算自然语言的目的。Word2Vec 包含两个经典模型：CBOW 和 Skip-gram，本节先介绍 CBOW 模型。

CBOW (Continuous Bag-of-Words)指的是通过上下文的词向量来推理中心词。我们以“Pineapples are spiky and yellow”为例来介绍 CBOW 的算法实现，如图 6-5 所示。

CBOW 是一个具有如图 6-6 所示的 3 层结构的神经网络。

- 输入层(Input layer)：一个形状为 $\boldsymbol{C}\times\boldsymbol{V}$ 的 one-hot 张量，其中 $\boldsymbol{C}$ 代表上下文单词的个数，通常是一个偶数，我们假设为 4；$\boldsymbol{V}$ 表示词表大小，我们假设为 5000，该张量的每一行都是一个上下文单词的 one-hot 向量表示，比如“Pineapples, are, and, yellow”。

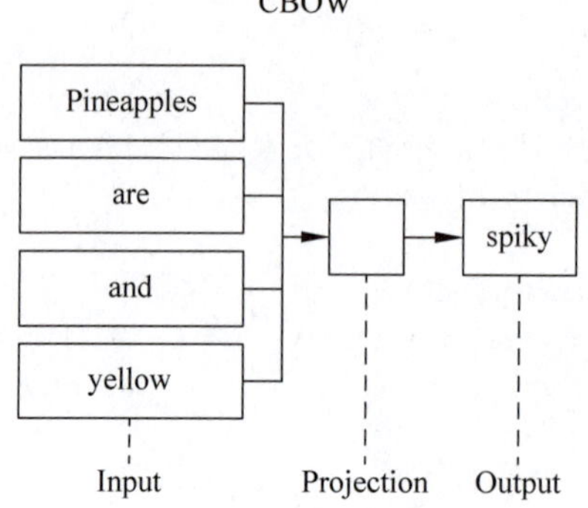

图 6-5　CBOW 模型框架

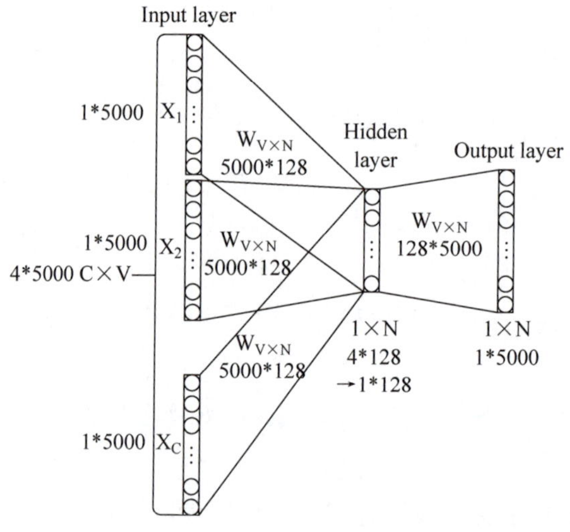

图 6-6　CBOW 模型结构

- 隐藏层(Hidden Layer)：创建一个形状为 $\boldsymbol{V}\times\boldsymbol{N}$ 的参数张量 $\boldsymbol{W}_1$，一般称为 word-embedding，$\boldsymbol{N}$ 表示每个词的词向量长度，我们假设为 128。输入张量和参数张量 $\boldsymbol{W}_1$ 进行矩阵乘法，就会得到一个形状为 $\boldsymbol{C}\times\boldsymbol{N}$ 的张量。我们希望综合考虑上下文中所有单词的信息去推理中心词，因此将上下文中 $\boldsymbol{C}$ 个单词的向量表示相加得到一个 $1\times\boldsymbol{N}$ 的向量，将该向量作为隐藏层的输出，也是整个上下文信息的一个隐含表示。
- 输出层(Output layer)：创建另一个形状为 $\boldsymbol{N}\times\boldsymbol{N}$ 的参数张量，将隐藏层得到的 $1\times\boldsymbol{N}$ 的向量乘以该 $\boldsymbol{N}\times\boldsymbol{V}$ 的参数张量，得到了一个形状为 $1\times\boldsymbol{V}$ 的向量。最终，$1\times\boldsymbol{V}$ 的向量代表了使用上下文去推理中心词时，词汇表中每个候选词的打分，再经过 $softmax$ 函数的归一化，即得到了对中心词的推理概率：

$$softmax(O_i)=\frac{\exp(O_i)}{\sum_j \exp(O_i)}$$

在实际操作中，通常使用一个滑动窗口(一般情况下，窗口长度为奇数)，从左到右开始

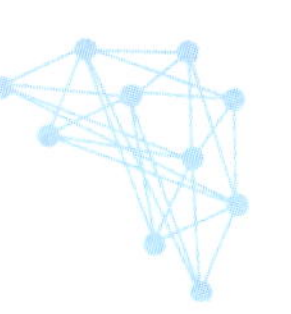

扫描当前句子。每个扫描出来的片段被当成一个小句子，每个小句子中间的词被认为是中心词，其余的词被认为是这个中心词的上下文。

同时，为了避免过于庞大的计算量，我们通常采用负采样的方法，将多分类问题转换为二分类问题，来避免查询整个词表。假设有一个一个上下文词 c 和一个中心词正样本 t_p，在 CBOW 的理想实现里，需要最大化使用 c 推理 t_p 的概率。在使用 softmax 学习时，需要最大化 t_p 的推理概率，同时最小化词表中其他词的推理概率。之所以计算缓慢，是因为需要对词表中的所有词都计算一遍。然而我们还可以使用另一种方法，就是随机从词表中选择几个代表词，通过最小化这几个代表词的概率，去近似最小化整体的预测概率。比如，先指定一个上下文词（如“人工”）和一个目标词正样本（如“智能”），再随机在词表中采样几个目标词负样本（如“日本”“喝茶”等）。有了这些内容，我们的 CBOW 模型就变成了一个二分类任务：对于目标词正样本，我们需要最大化它的预测概率；对于目标词负样本，我们需要最小化它的预测概率。通过这种方式，我们就可以完成计算加速。上述做法，我们称之为负采样。

在实现的过程中，通常会让模型接收 3 个 tensor 输入：

- 代表上下文单词的 tensor：假设我们称之为 context_words $\boldsymbol{V}$，一般来说，这个 tensor 是一个形状为[batch_size, vocab_size]的 one-hot tensor，表示在一个 mini-batch 中每个上下文单词具体的 ID。
- 代表目标词的 tensor：假设我们称之为 target_words $\boldsymbol{T}$，一般来说，这个 tensor 同样是一个形状为[batch_size, vocab_size]的 one-hot tensor，表示在一个 mini-batch 中每个目标词具体的 ID。
- 代表目标词标签的 tensor：假设我们称之为 labels $\boldsymbol{L}$，一般来说，这个 tensor 是一个形状为[batch_size, 1]的 tensor，元素值为 1 表示上下文单词对应的中心词是目标词，否则为 0。

接下来我们将学习使用飞桨实现 CBOW 模型的方法。本次实验平台为百度 AI Studio，实验环境为 Python 3.7，飞桨深度学习平台 2.0。

步骤 1：数据处理

```
# 导入相应的包
import io
import os
import sys
import requests
from collections import OrderedDict
import math
import random
import numpy as np
import paddle
```

我们选择使用 text8.txt 数据集训练 CBOW 模型，该数据集中包含了大量从维基百科收集到的英文语料，可以通过如下代码下载数据集，下载后的文件被保存在当前目录的

text8.txt 文件内：

```
# 下载语料用来训练 word2vec
def download():
    # 可以从百度云服务器(dataset.bj.bcebos.com)下载一些开源数据集
    corpus_url = "https://dataset.bj.bcebos.com/word2vec/text8.txt"
    # 使用 Python 的 requests 包下载数据集到本地
    web_request = requests.get(corpus_url)
    corpus = web_request.content
    # 把下载后的文件存储在当前目录的 text8.txt 文件内
    with open("./text8.txt", "wb") as f:
        f.write(corpus)
        f.close()
```

我们可以通过如下代码读取下载的语料，并打印前 500 个字符查看语料内容：

```
# 读取 text8 数据
def load_text8():
    with open("./text8.txt", "r") as f:
        corpus = f.read().strip("\n")
    f.close()
    return corpus

corpus = load_text8()
# 打印前 500 个字符，如图 6-7 所示
print(corpus[:500])
```

```
anarchism originated as a term of abuse first used against early working class radicals including
the diggers of the english revolution and the sans culottes of the french revolution whilst the te
rm is still used in a pejorative way to describe any act that used violent means to destroy the or
ganization of society it has also been taken up as a positive label by self defined anarchists the
word anarchism is derived from the greek without archons ruler chief king anarchism as a political
philoso
```

图 6-7　text8 样本展示

一般来说，在自然语言处理中，需要先对语料进行分词。对于英文而言，可以直接使用空格进行分词，代码如下：

```
# 对语料进行预处理(分词)
def data_preprocess(corpus):
    # 由于英文单词出现在句首的时候经常要大写，所以我们把所有英文字符都转换为小写，以便
    # 对语料进行归一化处理(Apple vs apple 等)
    corpus = corpus.strip().lower()
    corpus = corpus.split(" ")

    return corpus

corpus = data_preprocess(corpus)
# 打印前 50 个单词，如图 6-8 所示
print(corpus[:50])
```

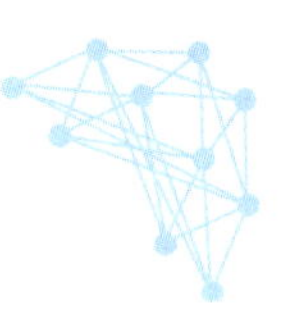


```
['anarchism', 'originated', 'as', 'a', 'term', 'of', 'abuse', 'first', 'used', 'against',
'early', 'working', 'class', 'radicals', 'including', 'the', 'diggers', 'of', 'the',
'english', 'revolution', 'and', 'the', 'sans', 'culottes', 'of', 'the', 'french',
'revolution','whilst', 'the', 'term', 'is', 'still', 'used', 'in', 'a', 'pejorative', 'way',
'to', 'describe', 'any', 'act', 'that', 'used', 'violent', 'means', 'to', 'destroy', 'the']
```

图 6-8　数据预处理结果

经过分词后,需要对语料进行统计,为每个单词构造 ID。一般来说,可以根据每个单词在语料中出现的频次构造 ID,频次越高,ID 越小,便于对词典进行管理。代码如下:

```
# 构造词典,统计每个词的频率,并根据频率将每个词转换为一个整数 ID
def build_dict(corpus):
  # 首先统计每个不同词的频率(出现的次数),使用一个词典记录
  word_freq_dict = dict()
  for word in corpus:
    if word not in word_freq_dict:
      word_freq_dict[word] = 0
    word_freq_dict[word] += 1

  # 将该词典中的词按照出现次数降序排序
  # 一般来说,高频词往往是:I,the,you 等代词,而出现频率低的词,通常是一些名词,如:nlp
  word_freq_dict = sorted(word_freq_dict.items(), key = lambda x:x[1], reverse = True)

  # 构造 3 个不同的词典,分别存储:
  # 每个词到 id 的映射关系:word2id_dict
  # 每个 id 出现的频率:word2id_freq
  # 每个 id 到词典映射关系:id2word_dict
  word2id_dict = dict()
  word2id_freq = dict()
  id2word_dict = dict()

  # 按照频率,从高到低,开始遍历每个单词,并为这个单词构造一个独一无二的 id
  for word, freq in word_freq_dict:
    curr_id = len(word2id_dict)
    word2id_dict[word] = curr_id
    word2id_freq[word2id_dict[word]] = freq
    id2word_dict[curr_id] = word

  return word2id_freq, word2id_dict, id2word_dict

word2id_freq, word2id_dict, id2word_dict = build_dict(corpus)
vocab_size = len(word2id_freq)
print("there are totoally %d different words in the corpus" % vocab_size)
for _, (word, word_id) in zip(range(50), word2id_dict.items()):
  print("word %s, its id %d, its word freq %d" % (word, word_id, word2id_freq[word_id]))
```

我们将为每个单词构造的唯一 ID 输出到控制台上,如图 6-9 所示,可以看出,我们根据每个单词出现的频次为其分配了唯一标识。

得到 word2id 词典后,我们还需要进一步处理原始语料,把每个词替换成对应的 ID,便

```
there are totoally 253854 different words in the corpus
word the, its id 0, its word freq 1061396
word of, its id 1, its word freq 593677
word and, its id 2, its word freq 416629
word one, its id 3, its word freq 411764
word in, its id 4, its word freq 372201
word a, its id 5, its word freq 325873
word to, its id 6, its word freq 316376
word zero, its id 7, its word freq 264975
```

图 6-9 词到索引映射、词频输出

于神经网络进行处理，代码如下：

```
# 把语料转换为 id 序列
def convert_corpus_to_id(corpus, word2id_dict):
    # 使用一个循环，将语料中的每个词替换成对应的 id
    corpus = [word2id_dict[word] for word in corpus]
    return corpus

corpus = convert_corpus_to_id(corpus, word2id_dict)
print("%d tokens in the corpus" % len(corpus))
# 打印前 50 个单词，如图 6-10 所示
print(corpus[:50])
```

```
17005207 tokens in the corpus
[5233, 3080, 11, 5, 194, 1, 3133, 45, 58, 155, 127, 741, 476, 10571, 133, 0, 27349, 1, 0, 102, 854, 2, 0, 15067, 58112, 1,
0, 150, 854, 3580, 0, 194, 10, 190, 58, 4, 5, 10712, 214, 6, 1324, 104, 454, 19, 58, 2731, 362, 6, 3672, 0]
```

图 6-10 词映射结果演示

接下来，需要使用二次采样法处理原始文本。二次采样法的主要思想是降低高频词在语料中出现的频次，降低的方法是随机将高频的词抛弃，频率越高，被抛弃的概率就越高，频率越低，被抛弃的概率就越低。于是像标点符号或冠词这样的高频词就会被抛弃，从而优化整个词表的词向量训练效果，代码如下：

```
# 使用二次采样算法(subsampling)处理语料，强化训练效果
def subsampling(corpus, word2id_freq):

    # discard 函数决定了一个词是否被替换，该函数具有随机性，每次调用结果不同
    # 如果一个词的频率很大，那么它被抛弃的概率就很大
    def discard(word_id):
        return random.uniform(0, 1) < 1 - math.sqrt(
            1e-4 / word2id_freq[word_id] * len(corpus))

    corpus = [word for word in corpus if not discard(word)]
    return corpus

corpus = subsampling(corpus, word2id_freq)
print("%d tokens in the corpus" % len(corpus))
# 打印前 50 个单词，如图 6-11 所示.
print(corpus[:50])
```

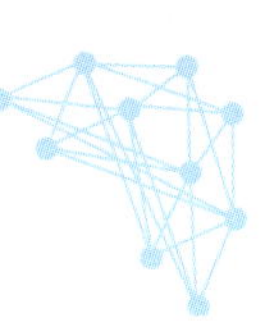


```
8745281 tokens in the corpus
[5233, 3080, 3133, 155, 127, 741, 476, 10571, 27349, 102, 15067, 58112, 854, 3580, 194, 5, 10712, 1324, 454,
2731, 362, 3672, 708, 371, 539, 97, 1423, 2757, 18, 567, 686, 7088, 0, 5233, 1052, 248, 44611, 2877, 792, 186,
5233, 602, 1134, 2621, 8983, 2, 4147, 6437, 4186, 5233]
```

图 6-11　采样后的词映射展示

在完成语料数据预处理之后，需要构造训练数据。根据上面的描述，我们需要使用一个滑动窗口对语料从左到右扫描，在每个窗口内，上下文需要预测它的中心词，并形成训练数据。

在实际操作中，由于词表往往很大，对大词表的一些矩阵运算（如 *softmax* 等）需要消耗大量的资源，因此可以通过负采样的方式模拟 *softmax* 的结果，代码实现如下：

- 给定一个上下文词和一个需要预测的中心词，将该中心词作为正样本。
- 通过词表随机采样的方式，选择若干个负样本。
- 把一个大规模分类问题转化为一个 2 分类问题，通过这种方式优化计算速度。

```
# 构造数据，准备模型训练
# max_window_size 代表了最大的 window_size 的大小，程序会根据 max_window_size 从左到右扫描
# 整个语料
# negative_sample_num 代表了对于每个正样本，我们需要随机采样多少负样本用于训练.
# 一般来说，negative_sample_num 的值越大，训练效果越稳定，但是训练速度越慢.
def build_data(corpus, word2id_dict, word2id_freq, max_window_size = 3,
        negative_sample_num = 4):

    # 使用一个 list 存储处理好的数据
    dataset = []
    center_word_idx = 0

    # 从左到右，开始枚举每个中心点的位置
    while center_word_idx < len(corpus):
        # 以 max_window_size 为上限，随机采样一个 window_size，这样会使得训练更加稳定
        window_size = random.randint(1, max_window_size)
        # 当前的中心词就是 center_word_idx 所指向的词，可以当作正样本
        positive_word = corpus[center_word_idx]

        # 以当前中心词为中心，左右两侧在 window_size 内的词就是上下文
        context_word_range = (max(0, center_word_idx - window_size), min(len(corpus) - 1,
center_word_idx + window_size))
        context_word_candidates = [corpus[idx] for idx in range(context_word_range[0], context_
word_range[1] + 1) if idx != center_word_idx]

        # 对于每个正样本来说，随机采样 negative_sample_num 个负样本，用于训练
        for context_word in context_word_candidates:
            # 首先把(上下文，正样本，label = 1)的三元组数据放入 dataset 中，
            # 这里 label = 1 表示这个样本是个正样本
            dataset.append((context_word, positive_word, 1))

            # 开始负采样
            i = 0
```

```
        while i < negative_sample_num:
            negative_word_candidate = random.randint(0, vocab_size - 1)

            if negative_word_candidate is not positive_word:
                # 把(上下文,负样本,label = 0)的三元组数据放入 dataset 中,
                # 这里 label = 0 表示这个样本是个负样本
                dataset.append((context_word, negative_word_candidate, 0))
                i += 1

    center_word_idx = min(len(corpus) - 1, center_word_idx + window_size)
    if center_word_idx == (len(corpus) - 1):
        center_word_idx += 1
    if center_word_idx % 100000 == 0:
        print(center_word_idx)

    return dataset

dataset = build_data(corpus, word2id_dict, word2id_freq)
for _, (context_word, target_word, label) in zip(range(50), dataset):
    print("context_word %s, target %s, label %d" % (id2word_dict[context_word], id2word_
dict[target_word], label))
```

采样构造的正、负训练样本如图 6-12 所示。

```
center_word anarchism, target originated, label 1
center_word anarchism, target borgonovo, label 0
center_word anarchism, target bentalls, label 0
center_word anarchism, target phenomonen, label 0
center_word anarchism, target mirapoint, label 0
```

图 6-12　采样正负例构建展示

训练数据准备好后，把训练数据都组装成 mini-batch，并准备输入到网络中进行训练，代码如下：

```
# 构造 mini - batch,准备对模型进行训练
# 将不同类型的数据放到不同的 tensor 中,便于神经网络进行处理
# 通过 numpy 的 array 函数,构造出不同的 tensor,并把这些 tensor 送入神经网络中进行训练
def build_batch(dataset, batch_size, epoch_num):

    # context_word_batch 缓存 batch_size 个上下文词
    context_word_batch = []
    # target_word_batch 缓存 batch_size 个目标词(可以是正样本或者负样本)
    target_word_batch = []
    # label_batch 缓存了 batch_size 个 0 或 1 的标签,用于模型训练
    label_batch = []

    for epoch in range(epoch_num):
        # 每次开启一个新 epoch 之前,都对数据进行一次随机打乱,提高训练效果
        random.shuffle(dataset)
```

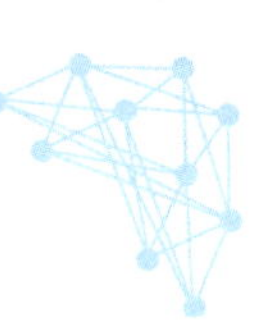


```
    for context_word, target_word, label in dataset:
        # 遍历 dataset 中的每个样本,并将这些数据送到不同的 tensor 里
        context_word_batch.append([context_word])
        target_word_batch.append([target_word])
        label_batch.append(label)

        # 当样本积攒到一个 batch_size 后,将数据都返回回来
        # 在这里我们使用 numpy 的 array 函数把 list 封装成 tensor
        # 并使用 Python 的迭代器机制,将数据 yield 出来
        # 使用迭代器的好处是可以节省内存
        if len(context_word_batch) == batch_size:
            yield np.array(context_word_batch).astype("int64"), \
                np.array(target_word_batch).astype("int64"), \
                np.array(label_batch).astype("float32")
            context_word_batch = []
            target_word_batch = []
            label_batch = []

    if len(context_word_batch) > 0:
        yield np.array(context_word_batch).astype("int64"), \
            np.array(target_word_batch).astype("int64"), \
            np.array(label_batch).astype("float32")
```

步骤 2：模型配置

定义 CBOW 的网络结构,用于模型训练。在飞桨动态图中,对于任意网络,都需要定义一个继承自 paddle.nn.Layer 的类来搭建网络结构、参数等数据的声明,同时需要在 forward 函数中定义网络的计算逻辑。对于自然语言,我们需要将文本表示为词向量形式,在飞桨中,可以通过 paddle.nn.Embedding(num_embeddings,embedding_dim, padding_idx=None, sparse=False, weight_attr=None, name=None)实现。

其中,num_embeddings 为嵌入字典的大小, input 中的 id 必须满足 0 =< id < num_embeddings; embedding_dim 为每个嵌入向量的维度; padding_idx 为填充字符的下标; sparse 标识是否使用稀疏更新,在词嵌入权重较大的情况下,使用稀疏更新能够获得更快的训练速度及更小的内存/显存占用; weight_attr 指定嵌入向量的配置,包括初始化方法,一般无需设置,默认值为 None。根据 input 中的 id 信息从 embedding 矩阵中查询对应 embedding 信息,并会根据输入的 size (num_embeddings, embedding_dim)和 weight_attr 自动构造一个二维 embedding 矩阵,输出的 Tensor 的 shape 是在输入 Tensor shape 的最后一维后面添加了 embedding_dim 的维度。

利用 CBOW 实现词向量训练的代码如下:

```
# 定义 CBOW 训练网络结构
class CBOW(paddle.nn.Layer):
    def __init__(self, vocab_size, embedding_size, init_scale=0.1):
        # vocab_size 定义了该 CBOW 模型的词表大小
        # embedding_size 定义了词向量的维度是多少
        super(CBOW, self).__init__()
```

```
        self.vocab_size = vocab_size
        self.embedding_size = embedding_size
        self.embedding = paddle.nn.Embedding(
            self.vocab_size,
            self.embedding_size,
            weight_attr=paddle.ParamAttr(
                name='embedding_para',
                initializer=paddle.nn.initializer.Uniform(
                    low=-0.5/embedding_size, high=0.5/embedding_size)))
        self.embedding_out = paddle.nn.Embedding(
            self.vocab_size,
            self.embedding_size,
            weight_attr=paddle.ParamAttr(
                name='embedding_out_para',
                initializer=paddle.nn.initializer.Uniform(
                    low=-0.5/embedding_size, high=0.5/embedding_size)))

    # 定义网络的前向计算逻辑
    def forward(self, context_words, target_words, label):
        # 首先,通过 embedding_para(self.embedding)参数,将 mini-batch 中的词转换为词向量
        # 这里 context_words 和 target_words_emb 查询的是不同的参数
        context_words_emb = self.embedding(context_words)
        target_words_emb = self.embedding_out(target_words)
        word_sim = paddle.multiply(context_words_emb, target_words_emb)
        word_sim = paddle.sum(word_sim, axis = -1)
        word_sim = paddle.reshape(word_sim, shape=[-1])
        pred = paddle.nn.functional.sigmoid(word_sim)
        loss = paddle.nn.functional.binary_cross_entropy(paddle.nn.functional.sigmoid(word_
sim), label)
        loss = paddle.mean(loss)
        return pred, loss
```

步骤 3：网络训练与评估

完成网络定义后，就可以启动模型训练。我们定义每隔 100 步打印一次 Loss，以确保当前的网络是正常收敛的。同时，我们每隔 2000 步观察 CBOW 计算出的单词间的相似性，可视化网络训练效果，代码如下：

```
# 开始训练,定义一些训练过程中需要使用的超参数
batch_size = 512
epoch_num = 3
embedding_size = 200
step = 0
learning_rate = 0.001

# 定义一个使用 word-embedding 计算 cos()的函数
def get_cos(query1_token, query2_token, embed):
    W = embed
    x = W[word2id_dict[query1_token]]
    y = W[word2id_dict[query2_token]]
    cos = np.dot(x, y) / np.sqrt(np.sum(y * y) * np.sum(x * x) + 1e-9)
```

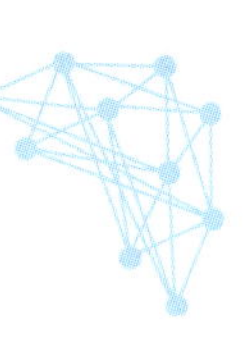

```
  flat = cos.flatten()
  print("单词 1 %s 和单词 2 %s 的 cos 结果为 %f" %(query1_token, query2_token, cos))


# 通过我们定义的 CBOW 类,来构造一个 CBOW 模型网络
skip_gram_model = CBOW(vocab_size, embedding_size)
# 构造训练这个网络的优化器
adam = paddle.optimizer.Adam(learning_rate = learning_rate, parameters = skip_gram_model.
parameters())

# 使用 build_batch 函数,以 mini-batch 为单位,遍历训练数据,并训练网络
for context_words, target_words, label in build_batch(
  dataset, batch_size, epoch_num):
  # 使用 paddle.to_tensor 函数,将一个 numpy 的 tensor,转换为网络可计算的 tensor
  context_words_var = paddle.to_tensor(context_words)
  target_words_var = paddle.to_tensor(target_words)
  label_var = paddle.to_tensor(label)

  # 将转换后的 tensor 送入网络中,进行一次前向计算,并得到计算结果
  pred, loss = skip_gram_model(
    context_words_var, target_words_var, label_var)

  # 通过 backward 函数,让程序自动完成反向计算
  loss.backward()
  # 通过 minimize 函数,让程序根据 loss,完成一步对参数的优化更新
  adam.minimize(loss)
  # 使用 clear_gradients 函数清空模型中的梯度,以便于下一个 mini-batch 进行更新
  skip_gram_model.clear_gradients()

  # 每经过 100 个 mini-batch,打印一次当前的 loss,确保 loss 稳定下降,如图 6-13 所示
  step += 1
  if step % 100 == 0:
    print("step %d, loss %.3f" % (step, loss.numpy()[0]))

  # 经过 2000 个 mini-batch,打印一次模型对词向量相似度的计算结果
  # 这里我们使用词和词之间的向量点积作为衡量相似度的方法
  if step % 2000 == 0:
    embedding_matrix = skip_gram_model.embedding.weight.numpy()
    np.save("./embedding", embedding_matrix)
    get_cos("king","queen",embedding_matrix)
    get_cos("she","her",embedding_matrix)
    get_cos("topic","theme",embedding_matrix)
    get_cos("woman","game",embedding_matrix)
    get_cos("one","name",embedding_matrix)
```

从图 6-13 的打印结果可以看到,经过一定步骤的训练,Loss 逐渐下降并趋于稳定。同时我们也可以从图 6-14 的结果中观察出,利用 word2vec 得到的单词的词向量表示能够很好地体现同义词之间的相似性。

```
step 4300, loss 0.310
step 4400, loss 0.292
step 4500, loss 0.288
step 4600, loss 0.264
step 4700, loss 0.235
step 4800, loss 0.253
step 4900, loss 0.295
step 5000, loss 0.253
step 5100, loss 0.240
step 5200, loss 0.264
step 5300, loss 0.254
```

图 6-13 训练过程部分输出

```
单词1 king 和单词2 queen 的cos结果为 0.776861
单词1 she 和单词2 her 的cos结果为 0.849171
单词1 topic 和单词2 theme 的cos结果为 0.882199
单词1 woman 和单词2 game 的cos结果为 0.831457
单词1 one 和单词2 name 的cos结果为 0.848912
```

图 6-14 词相似性展示

实践二十二：基于 Skip-gram 实现 Word2Vec

实践二十一中我们介绍了 CBOW 模型，接下来对 Word2Vec 的另一种方式 Skip-gram 进行介绍。

Skip-gram 和 CBOW 十分类似，CBOW 通过上下文的词向量来推理中心词，Skip-gram 则是根据中心词推理上下文。我们仍以"Pineapples are spiky and yellow"为例介绍 Skip-gram 的算法实现，如图 6-15 所示。

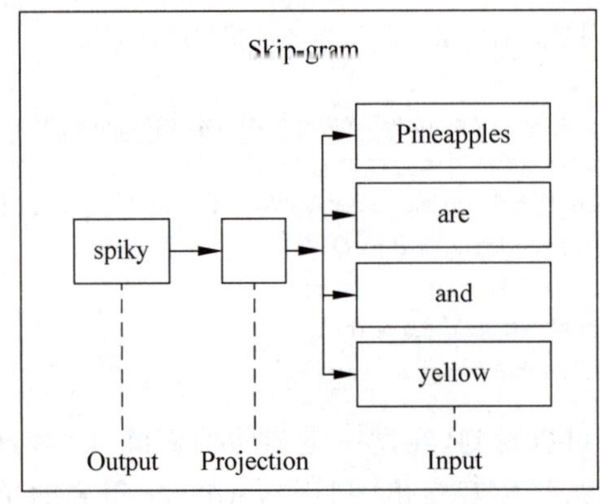

图 6-15 Skip-gram 模型框架

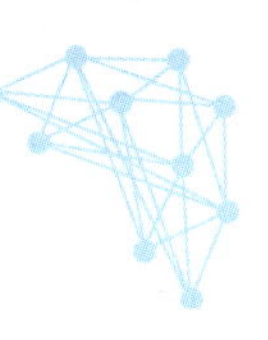

Skip-gram 也是一个具有如图 6-16 所示的 3 层结构的神经网络，分别是：

- 输入层(Input layer)：一个形状为 1×**V** 的 one-hot 张量，其中 **V** 表示词表大小，我们假设为 5000，里面存储着当前句子中心词的 one-hot 表示。
- 隐藏层(Hidden Layer)：创建一个形状为 **V**×**N** 的参数张量 W_1，**N** 表示每个词的词向量长度。输入张量和参数张量 $\boldsymbol{W}_1$ 进行矩阵乘法，就会得到一个形状为 1×**N** 的张量，作为隐藏层的输出，里面存储着当前句子中心词的词向量。
- 输出层(Output layer)：创建另一个形状为 **N**×**V** 的参数张量，将隐藏层得到的 1×**N** 的向量乘以该 **N**×**V** 的参数张量，得到了一个形状为 1×**V** 的向量。这个张量经过 $softmax$ 变换后，就得到了使用当前中心词对上下文单词进行预测的结果，根据这个 $softmax$ 的值就可以训练词向量模型。

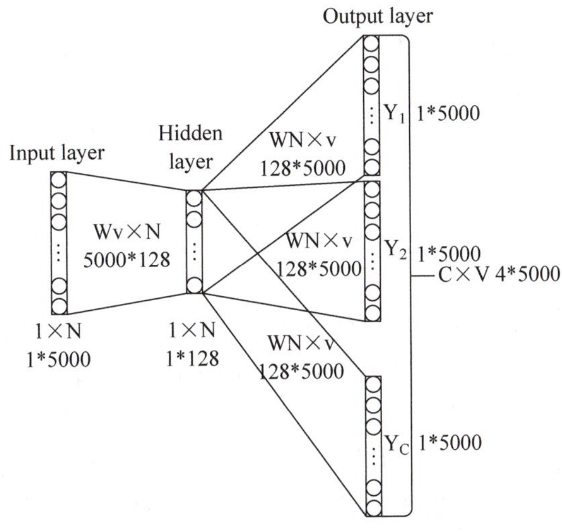

图 6-16　Skip-gram 模型结构

在实际实现的过程中，Skip-gram 和 CBOW 一样，也采用滑动窗口、负采样等方式生成训练数据，与 CBOW 十分类似，不同之处仅在于 Skip-gram 是根据上下文的词向量来推理中心词，因此在生成训练数据时略有不同，代码如下：

```
......
while center_word_idx < len(corpus):
  window_size = random.randint(1, max_window_size)
  # 当前的中心词就是 center_word_idx 所指向的词,可以当作正样本
   positive_word = corpus[center_word_idx]

  context_word_range = (max(0, center_word_idx - window_size), min(len(corpus) - 1, center
_word_idx + window_size))
  context_word_candidates = [corpus[idx] for idx in range(context_word_range[0], context_
word_range[1] + 1) if idx != center_word_idx]

  for context_word in context_word_candidates:
      # 首先把(中心词,正样本,label = 1)的三元组数据放入 dataset 中,
      # 这里 label = 1 表示这个样本是个正样本
      dataset.append((positive_word, context_word, 1))
```

```
        # 开始负采样
        i = 0
        while i < negative_sample_num:
          negative_word_candidate = random.randint(0, vocab_size - 1)

          if negative_word_candidate is not context_word:
            # 把(中心词,负样本,label = 0)的三元组数据放入 dataset 中,
            # 这里 label = 0 表示这个样本是个负样本
            dataset.append((positive_word, negative_word_candidate, 0))
            i += 1

    center_word_idx = min(len(corpus) - 1, center_word_idx + window_size)
    if center_word_idx == (len(corpus) - 1):
      center_word_idx += 1
    if center_word_idx % 100000 == 0:
      print(center_word_idx)
......
```

实践二十三：基于循环神经网络实现情感分类

前馈神经网络只能单独地处理一个个的输入，每次的输入都是独立的，即网络的输出只依赖于当前的输入。但是在很多现实任务中，网络的输出不仅和当前实时的输入有关，也和其过去一段时间的输出有关。此外，前馈网络难以处理时序数据，比如视频、语音、文本等。时序数据的长度一般是不固定的，而前馈神经网络要求输入和输出的维数都是固定的，不能任意改变。因此，在处理某些序列数据时，尤其是像自然语言这样天然带有时序关系的数据，就需要一种能力更强的模型。

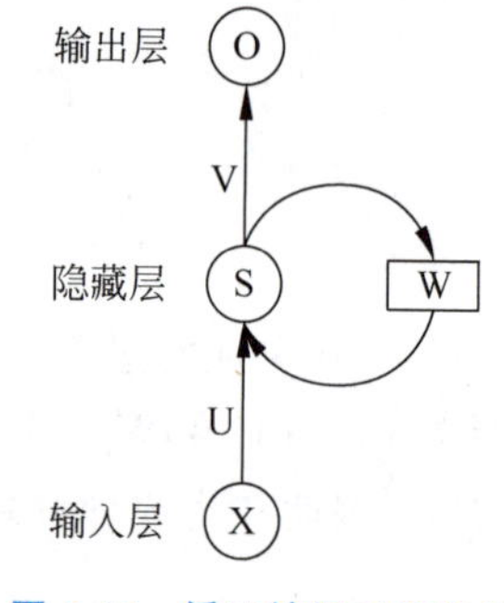

图 6-17　循环神经网络结构

循环神经网络(Recurrent Neural Network，RNN)是一类具有短期记忆能力的神经网络。一个简单的循环神经网络如图 6-17 所示，它由输入层、隐藏层和输出层组成。

我们将图 6-17 按照不同时刻的时间步进行展开，就得到了如下的循环神经网络结构，如图 6-18 所示。

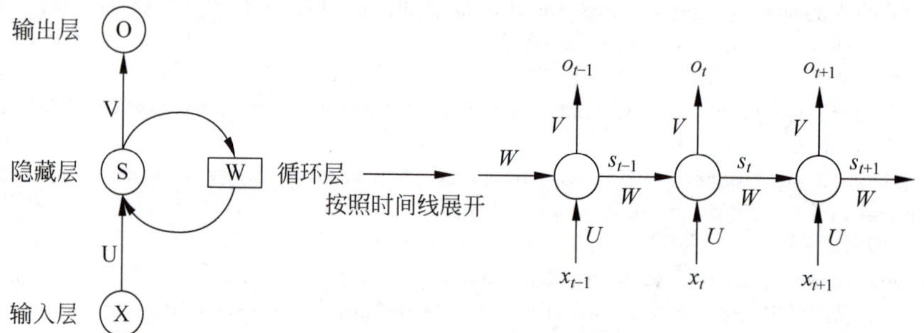

图 6-18　循环神经网络按时间线展开结构

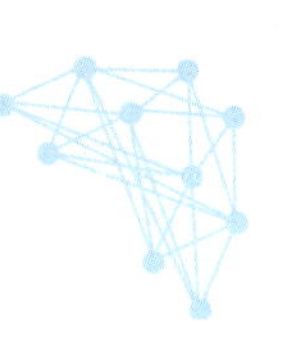

从图 6-18 我们可以很清楚地看到，网络在 t 时刻接收到输入 x_t 之后，得到的隐藏层的值为 s_t，输出值为 o_t。最关键的一点是，s_t 的值不仅仅取决于 x_t，还取决于 $t-1$ 时刻的隐藏层状态 s_{t-1}。我们可以用如下公式来表示循环神经网络的计算方法：

$$s_t = f(Ux_t + Ws_{t-1} + b)$$

$$o_t = g(Vs_t)$$

其中，$f(\cdot)$、$g(2)$为 *tanh* 等激活函数，U、W、V 为模型需要学习的参数。

和前馈神经网络相比，循环神经网络更加符合生物神经网络的结构，已经被广泛应用在语音识别、语言模型以及自然语言生成等任务上。

接下来我们将学习使用飞桨实现 RNN 模型进行情感分类任务。文本分类是自然语言处理领域最常见也是最重要的任务类型之一。本次实验平台为百度 AI Studio，实验环境为 Python 3.7，飞桨深度学习平台 2.0。

步骤 1：数据加载

本实验使用的是 IMDB 数据集，该数据集中包含了 50 000 条偏向明显的评论，其中包括 25 000 条训练数据和 25 000 条测试数据，label 为 0(negative)和 1(positive)。由于 IMDB 是 NLP 领域中常见的数据集，飞桨将其内置，路径为 paddle.text.datasets.Imdb。通过 mode 参数可以控制加载训练集或测试集：

```
# 导入相应的包
import paddle
import numpy as np
import matplotlib.pyplot as plt
import paddle.nn as nn

# cpu/gpu 环境选择,在 paddle.set_device() 输入对应运行设备.
device = paddle.set_device('gpu')、

print('loading dataset...')
# 加载训练数据
train_dataset = paddle.text.datasets.Imdb(mode = 'train')
# 加载测试数据
# 加载过程中的日志记录由飞桨自动打印,如图 6-19 所示
test_dataset = paddle.text.datasets.Imdb(mode = 'test')
print('loading finished')
```

```
loading dataset...
Cache file /home/aistudio/.cache/paddle/dataset/imdb/imdb%2FaclImdb_v1.tar.gz not found,
downloading https://dataset.bj.bcebos.com/imdb%2FaclImdb_v1.tar.gz
Begin to download

Download finished
loading finished
```

图 6-19　加载数据输出结果

构建了训练集与测试集后，可以通过 word_idx 获取数据集的词表。在飞桨深度学习平台 2.0 版本中，推荐使用 padding 的方式来对同一个 batch 中长度不一的数据进行补齐，所以在字典中，我们还会添加一个特殊的词(如：< pad >)，用来在后续对 batch 中较短的句子进行填充。

```
# 获取数据集的词表
word_dict = train_dataset.word_idx

# 在词表中添加特殊字符,用于对序列进行补齐
word_dict['<pad>'] = len(word_dict)

# 打印词表的前 5 个词
for k in list(word_dict)[:5]:
  print("{}:{}".format(k.decode('ASCII'), word_dict[k]))

print("...")

# 打印词表的最后 5 个词,如图 6-20 所示
for k in list(word_dict)[-5:]:
  print("{}:{}".format(k if isinstance(k, str) else k.decode('ASCII'), word_dict[k]))

print("totally {} words".format(len(word_dict)))
```

```
the:0
and:1
a:2
of:3
to:4
...
virtual:5143
warriors:5144
widely:5145
<unk>:5146
<pad>:5147
totally 5148 words
```

图 6-20　词表打印结果

我们可以通过 docs 获取样本内容，通过 labels 获取样本的 label 值。在 IMDB 数据集中，样本中的单词都是用字典中的索引值进行表示的，因此我们还需要定义一个函数，将其转换为人便于理解的自然语言。在这里，我们打印输出数据集中的第一条数据，加深对数据集的理解。

```
# 参数设置
vocab_size = len(word_dict) + 1
emb_size = 256
seq_len = 200
```

```
batch_size = 32
epochs = 2
pad_id = word_dict['<pad>']
classes = ['negative', 'positive']
# 生成句子列表
def ids_to_str(ids):
  words = []
  for k in ids:
    w = list(word_dict)[k]
    words.append(w if isinstance(w, str) else w.decode('utf-8'))
  return " ".join(words)

# 打印数据集中第一条样例，如图 6-21 所示
sent = train_dataset.docs[0]
label = train_dataset.labels[1]
print('sentence list id is:', sent)
print('sentence label id is:', label)
print('--------------------------------------------------------------------')
print('sentence list is: ', ids_to_str(sent))
print('sentence label is: ', classes[label])
```

```
sentence list id is: [5146, 43, 71, 6, 1092, 14, 0, 878, 130, 151, 5146, 18, 281, 747, 0, 5146, 3,
5146, 2165, 37, 5146, 46, 5, 71, 4089, 377, 162, 46, 5, 32, 1287, 300, 35, 203, 2136, 565, 14, 2,
253, 26, 146, 61, 372, 1, 615, 5146, 5, 30, 0, 50, 3290, 6, 2148, 14, 0, 5146, 11, 17, 451, 24, 4,
127, 10, 0, 878, 130, 43, 2, 50, 5146, 751, 5146, 5, 2, 221, 3727, 6, 9, 1167, 373, 9, 5, 5146, 7,
5, 1343, 13, 2, 5146, 1, 250, 7, 98, 4270, 56, 2316, 0, 928, 11, 11, 9, 16, 5, 5146, 5146, 6, 50,
69, 27, 280, 27, 108, 1045, 0, 2633, 4177, 3180, 17, 1675, 1, 2571]
sentence label id is: 0
--------------------------------------------------------------------------------
sentence list is:  <unk> has much in common with the third man another <unk> film set among the
<unk> of <unk> europe like <unk> there is much inventive camera work there is an innocent american
who gets emotionally involved with a woman he doesnt really understand and whose <unk> is all the
more striking in contrast with the <unk> br but id have to say that the third man has a more <unk>
storyline <unk> is a bit disjointed in this respect perhaps this is <unk> it is presented as a
<unk> and making it too coherent would spoil the effect br br this movie is <unk> <unk> in more than
one sense one never sees the sun shine grim but intriguing and frightening
sentence label is:  negative
```

图 6-21　数据样本展示

步骤 2：数据处理

- 用 padding 的方式对齐数据

在文本数据中，每一句话的长度都是不一样的，为了方便后续神经网络进行计算，常见的处理方式是将数据都统一成同样的长度。这包括：对于较长的数据进行截断处理，对于较短的数据用特殊的符号(如：<pad>)填充。代码如下：

```
# 读取数据归一化处理
def create_padded_dataset(dataset):
  padded_sents = []
  labels = []
  for batch_id, data in enumerate(dataset):
```

```
    sent, label = data[0], data[1]
    padded_sent = np.concatenate([sent[:seq_len], [pad_id] * (seq_len - len(sent))]).
astype('int32')
    padded_sents.append(padded_sent)
    labels.append(label)
  return np.array(padded_sents), np.array(labels)

# 对 train、test 数据进行实例化
train_sents, train_labels = create_padded_dataset(train_dataset)
test_sents, test_labels = create_padded_dataset(test_dataset)
# 查看数据大小及举例内容,打印结果如图 6-22 所示
print(train_sents.shape)
print(train_labels.shape)
print(test_sents.shape)
print(test_labels.shape)
print(ids_to_str(train_sents[0]))
```

```
(25000, 200)
(25000, 1)
(25000, 200)
(25000, 1)
<unk> has much in common with the third man another <unk> film set among the <unk> of <unk> europe
like <unk> there is much inventive camera work there is an innocent american who gets emotionally
involved with a woman he doesnt really understand and whose <unk> is all the more striking in cont
rast with the <unk> br but id have to say that the third man has a more <unk> storyline <unk> is a
bit disjointed in this respect perhaps this is <unk> it is presented as a <unk> and making it too
coherent would spoil the effect br br this movie is <unk> <unk> in more than one sense one never
sees the sun shine grim but intriguing and frightening <pad> <pad> <pad> <pad> <pad> <pad> <pad>
<pad> <pad> <pad> <pad> <pad> <pad> <pad> <pad> <pad> <pad> <pad> <pad> <pad> <pad> <pad> <pad>
<pad> <pad> <pad> <pad> <pad> <pad> <pad> <pad> <pad> <pad> <pad> <pad> <pad> <pad> <pad> <pad>
<pad> <pad> <pad> <pad> <pad> <pad> <pad> <pad> <pad> <pad> <pad> <pad> <pad> <pad> <pad> <pad>
<pad> <pad> <pad> <pad> <pad> <pad> <pad> <pad> <pad> <pad> <pad> <pad> <pad> <pad> <pad> <pad>
<pad> <pad> <pad> <pad> <pad> <pad> <pad> <pad>
```

图 6-22　添加<pad>符号后样本表示

- 用 Dataset 与 DataLoader 进行数据集加载

将前面准备好的训练集与测试集用 Dataset 与 DataLoader 封装后,完成数据的加载。

```
class IMDBDataset(paddle.io.Dataset):
  '''
  继承 paddle.io.Dataset 类进行封装数据
  '''
  def __init__(self, sents, labels):
    self.sents = sents
    self.labels = labels

  def __getitem__(self, index):
    data = self.sents[index]
    label = self.labels[index]

    return data, label
```

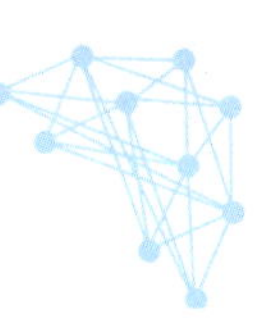

```
    def __len__(self):
        return len(self.sents)

train_dataset = IMDBDataset(train_sents, train_labels)
test_dataset = IMDBDataset(test_sents, test_labels)

train_loader = paddle.io.DataLoader(train_dataset, return_list = True,
                        shuffle = True, batch_size = batch_size, drop_last = True)
test_loader = paddle.io.DataLoader(test_dataset, return_list = True,
                        shuffle = True, batch_size = batch_size, drop_last = True)
```

步骤 3：模型配置与训练

在本示例中，我们将会使用一个序列特性的 RNN 网络进行文本的编码，即 paddle.nn.SimpleRNN(input_size, hidden_size, num_layers＝1, activation＝'tanh', direction＝'forward', dropout＝0., time_major＝False, weight_ih_attr＝None, weight_hh_attr＝None, bias_ih_attr＝None, bias_hh_attr＝None)，该类是一个简单循环神经网络，根据输出序列和给定的初始状态计算返回输出序列和最终状态，在该网络中的每一层对应输入的 step，每个 step 根据当前时刻输入 x(t)和上一时刻状态 h(t－1)计算当前时刻输出 y(t)并更新状态 h(t)，该类接收参数如下：input_size 为输入的大小；hidden_size 为隐藏状态大小；num_layers 为网络层数，默认为 1；direction 为网络迭代方向，可设置为 forward 或 bidirect(或 bidirectional)，默认为 forward；time_major 指定 input 的第一个维度是否是 time steps，默认为 False；dropout 为 dropout 概率，指的是除第一层外每层输入时的 dropout 概率，默认为 0；activation 为网络中每个单元的激活函数，可以是 tanh()或 ReLU，默认为 tanh()。在获得每个单词对应的隐状态表示后取平均，作为一个句子的表示，然后用 Linear 进行线性变换，为了防止过拟合，我们还使用了 Dropout 操作随机失活一部分网络单元：

```
import paddle.nn as nn
import paddle

# 定义 RNN 网络
class MyRNN(paddle.nn.Layer):
    def __init__(self):
        super(MyRNN, self).__init__()
        self.embedding = nn.Embedding(vocab_size, 256)
        self.rnn = nn.SimpleRNN(256, 256, num_layers = 2, direction = 'bidirectional',dropout = 0.5)
        self.linear = nn.Linear(in_features = 256 * 2, out_features = 2)
        self.dropout = nn.Dropout(0.5)


    def forward(self, inputs):
        emb = self.dropout(self.embedding(inputs))
        # output 形状大小为[batch_size,seq_len,num_directions * hidden_size]
        # hidden 形状大小为[num_layers * num_directions, batch_size, hidden_size]
        output, hidden = self.rnn(emb)
        # 把前向的 hidden 与后向的 hidden 合并在一起
```

```
    hidden = paddle.concat((hidden[-2,:,:], hidden[-1,:,:]), axis = 1)
    # hidden形状大小为[batch_size, hidden_size * num_directions]
    hidden = self.dropout(hidden)
    return self.linear(hidden)
```

定义好模型框架并对模型进行实例化之后，就可以对模型进行训练了。

```
# 可视化定义
def draw_process(title,color,iters,data,label):
  plt.title(title, fontsize=24)
  plt.xlabel("iter", fontsize=20)
  plt.ylabel(label, fontsize=20)
  plt.plot(iters, data,color=color,label=label)
  plt.legend()
  plt.grid()
  plt.show()

# 对模型进行封装
def train(model):
  model.train()
  opt = paddle.optimizer.Adam(learning_rate=0.001, parameters=model.parameters())
  steps = 0
  Iters, total_loss, total_acc = [], [], []
  for epoch in range(epochs):
    for batch_id, data in enumerate(train_loader):
      steps += 1
      sent = data[0]
      label = data[1]
      logits = model(sent)
      loss = paddle.nn.functional.cross_entropy(logits, label)
      acc = paddle.metric.accuracy(logits, label)

      # 500个batch输出一次结果,如图6-23所示
```

```
epoch: 0, batch_id: 0, loss is: [0.700719]
epoch: 0, batch_id: 500, loss is: [0.6554852]
[validation] accuracy: 0.49715909361839294, loss: 0.7356190085411072
epoch: 1, batch_id: 0, loss is: [0.69435066]
epoch: 1, batch_id: 500, loss is: [0.7222531]
[validation] accuracy: 0.5028409361839294, loss: 0.6965714693069458
```

图 6-23　训练过程部分输出

```
        if batch_id % 500 == 0:
      Iters.append(steps)
      total_loss.append(loss.numpy()[0])
      total_acc.append(acc.numpy()[0])
      print("epoch: {}, batch_id: {}, loss is: {}".format(epoch, batch_id, loss.numpy()))

    loss.backward()
    opt.step()
```

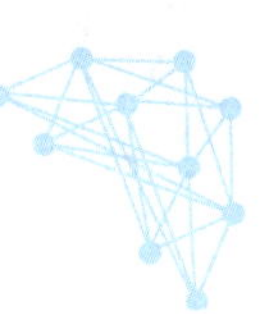


```
        opt.clear_grad()
        # 每个 epoch 后对模型进行评估
        model.eval()
        accuracies = []
        losses = []
        for batch_id, data in enumerate(test_loader):
            sent = data[0]
            label = data[1]
            logits = model(sent)
            loss = paddle.nn.functional.cross_entropy(logits, label)
            acc = paddle.metric.accuracy(logits, label)

            accuracies.append(acc.numpy())
            losses.append(loss.numpy())

        avg_acc, avg_loss = np.mean(accuracies), np.mean(losses)
        print("[validation] accuracy: {}, loss: {}".format(avg_acc, avg_loss))
        model.train()

        # 保存模型
        paddle.save(model.state_dict(),str(epoch) + "_model_final.pdparams")

    # 可视化查看,绘制每一轮迭代完成后,模型的 loss 值和 acc 值的结果,如图 6-24 所示
    draw_process("trainning loss","red",Iters,total_loss,"trainning loss")
    draw_process("trainning acc","green",Iters,total_acc,"trainning acc")

model = MyRNN()
train(model)
```

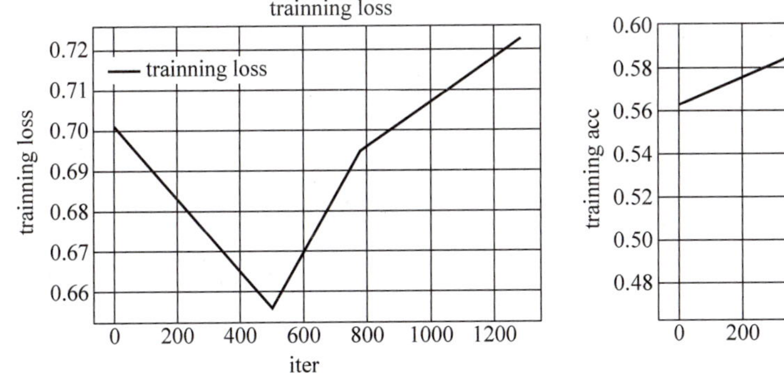

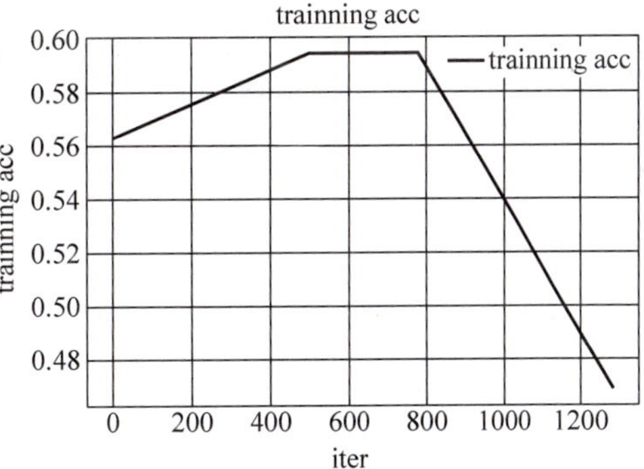

图 6-24　训练损失值、准确率随迭代次数变化趋势

步骤 4：模型评估与预测

训练完成之后，我们可以加载训练好的模型，并计算模型在测试集上的预测准确率，同时对预测的单个样本进行打印，查看模型的预测结果如图 6-25 所示。

```
# 导入模型
model_state_dict = paddle.load('1_model_final.pdparams')
model = MyRNN()
model.set_state_dict(model_state_dict)
model.eval()
label_map = {0:"negative", 1:"positive"}
accuracies = []
losses = []
samples = []
predictions = []

for batch_id, data in enumerate(test_loader):

  sent = data[0]
  label = data[1]

  logits = model(sent)

  for idx,probs in enumerate(logits):
    # 映射分类 label
    label_idx = np.argmax(probs)
    labels = label_map[label_idx]
    predictions.append(labels)
    samples.append(sent[idx].numpy())

  loss = paddle.nn.functional.cross_entropy(logits, label)
  acc = paddle.metric.accuracy(logits, label)

  accuracies.append(acc.numpy())
  losses.append(loss.numpy())

avg_acc, avg_loss = np.mean(accuracies), np.mean(losses)
print("[validation] accuracy: {}, loss: {}".format(avg_acc, avg_loss))
print('数据: {} \n 情感: {}'.format(ids_to_str(samples[0]), predictions[0]))
```

```
[validation] accuracy: 0.5027608871459961, loss: 0.6965859532356262
数据: gray can make the english language jump through <unk> like none other he <unk> a number of
events tied together by his writing of a <unk> the monster of the title some sad some <unk> funny
all in his <unk> <unk> manner if you liked swimming to <unk> you will love this one i actually
thought this was a bit more interesting and better told than swimming to <unk> a real masterpiece
<pad> <pad> <pad> <pad> <pad> <pad> <pad> <pad> <pad> <pad> <pad> <pad> <pad> <pad> <pad> <pad>
<pad> <pad> <pad> <pad> <pad> <pad> <pad> <pad> <pad> <pad> <pad> <pad> <pad> <pad> <pad> <pad>
<pad> <pad> <pad> <pad> <pad> <pad> <pad> <pad> <pad> <pad> <pad> <pad> <pad> <pad> <pad> <pad>
<pad> <pad> <pad> <pad> <pad> <pad> <pad> <pad> <pad> <pad> <pad> <pad> <pad> <pad> <pad> <pad>
<pad> <pad> <pad> <pad> <pad> <pad> <pad> <pad> <pad> <pad> <pad> <pad> <pad> <pad> <pad> <pad>
<pad> <pad> <pad> <pad> <pad> <pad> <pad> <pad> <pad> <pad> <pad> <pad> <pad> <pad> <pad> <pad>
<pad> <pad> <pad> <pad> <pad> <pad> <pad> <pad> <pad> <pad> <pad> <pad> <pad> <pad> <pad> <pad>
<pad> <pad> <pad> <pad> <pad> <pad> <pad> <pad> <pad> <pad> <pad> <pad> <pad> <pad> <pad>
情感: negative
```

图 6-25　验证结果及测试展示

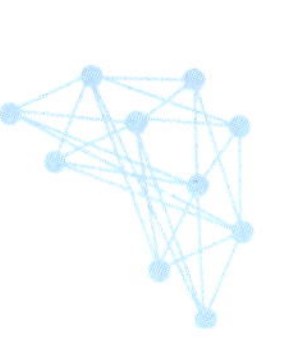

实践二十四：基于 LSTM 实现谣言检测

RNN 的显著魅力是能够将以前的信息连接到当前的输入，但是随着距离的增加，RNN 无法有效地利用历史信息。基于门控的循环神经网络(Gated RNN)可以有效地改善循环神经网络的长距离依赖问题，主要包括长短期记忆网络和门控循环单元网络，本节首先对长短期记忆网络进行介绍。

长短期记忆网络(Long Short-Term Memory Network，LSTM)是循环神经网络的一个变体，其结构如图 6-26 所示，它可以有效地解决简单循环神经网络的梯度爆炸或消失问题。与标准的 RNN 相比，LSTM 网络的主要改进体现在以下两个方面：

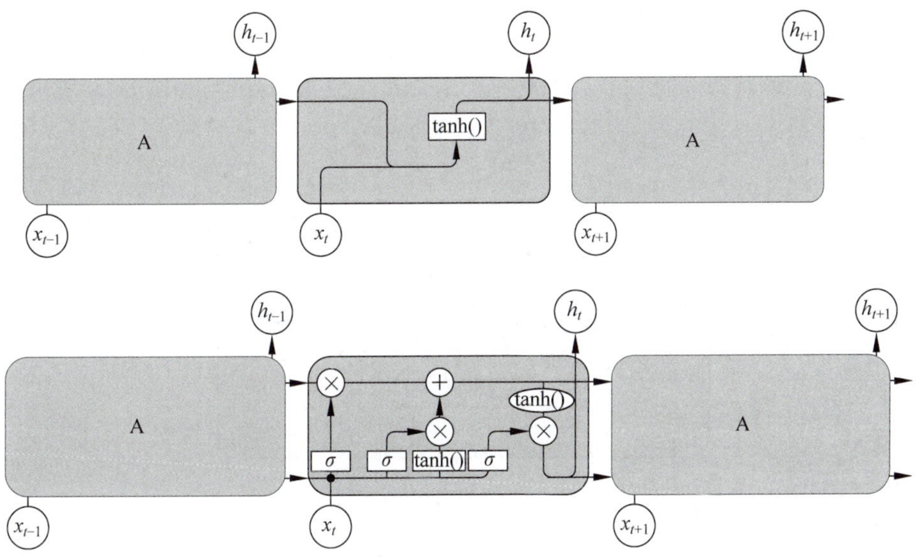

图 6-26　LSTM 门控机制

(1) 新的内部状态。和 RNN 在传递的过程中只有一个传输状态 h_t 相比，LSTM 引入了一个新的内部状态 c_t，c_t 在整个传输过程中专门进行线性的循环信息传递，同时非线性地输出信息给隐藏层的外部状态 h_t。内部状态 c_t 通过以下公式进行计算：

$$c_t = f_t \odot c_{t-1} + i_t \odot \tilde{c}_t$$

$$h_t = o_t \odot \tanh(c_t)$$

其中，f_t、i_t、o_t 为接下来要介绍的三个门(gate)；$\odot$ 为向量元素乘积；c_{t-1} 为上一时刻的记忆单元；$\tilde{c}_t$ 是计算得到的新的候选状态：

$$\tilde{c}_t = \tanh(W_c x_t + U_c h_{t-1} + b_c)$$

在每个时刻 t，LSTM 网络的内部状态 c_t 记录了到当前时刻为止的历史信息。

(2) 门控机制。LSTM 引入了门控机制来控制信息传递的路径，分别是输入门 i_t、遗忘门 f_t 和输出门 o_t。LSTM 网络中的“门”取值在(0,1)内，通过 *sigmoid* 激活函数实现，表示以一定的比例允许信息通过。下面对这三个“门”依次进行介绍：

• 遗忘门 f_t 控制上一个时刻的内部状态 c_{t-1} 需要遗忘多少信息，如图 6-27 所示。

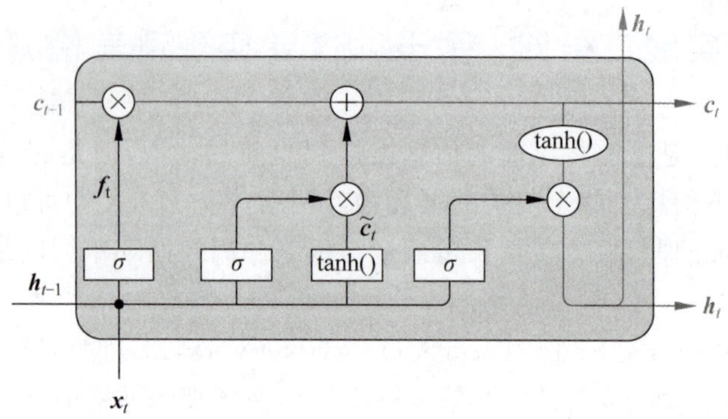

图 6-27 遗忘门结构

$$f_t=\sigma(W_f x_t+U_f h_{t-1}+b_f)$$

• 输入门 i_t 控制当前时刻的候选状态 $\widetilde{c}_t$ 有多少信息需要保存，如图 6-28 所示。

$$i_t=\sigma(W_i x_t+U_i h_{t-1}+b_i)$$

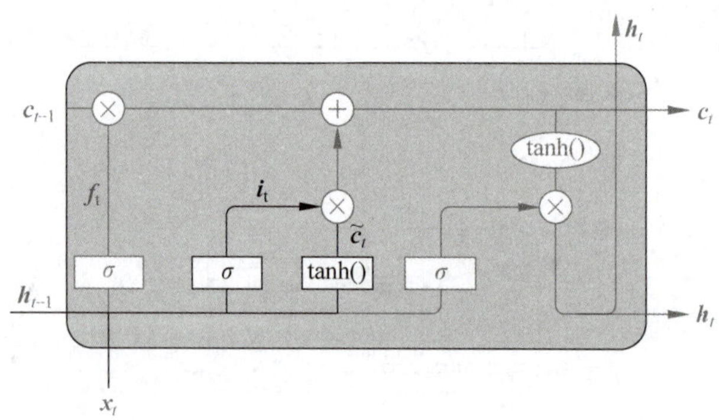

图 6-28 输入门结构

• 输出门 o_t 控制当前时刻的内部状态 c_t 有多少信息需要输出给外部状态 h_t 如图 6-29 所示。

$$o_t=\sigma(W_o x_t+U_o h_{t-1}+b_o)$$

因此，我们可以对 LSTM 网络的循环单元的计算过程进行总结：

(1) 首先利用上一时刻的外部状态 h_{t-1} 和当前时刻的输入 x_t，计算出三个门，以及候选状态 $\widetilde{c}_t$；

(2) 结合遗忘门 f_t 和输入门 i_t 来更新记忆单元 c_t；

(3) 结合输出门 o_t，将内部状态的信息传递给外部状态 h_t。

接下来我们将学习使用飞桨实现 LSTM 模型进行谣言检测任务。传统的谣言检测模型一般根据谣言的内容、用户属性、传播方式等由人工构造特征，而人工构建特征存在考虑片面、浪费人力物力等问题。本次实验使用基于 LSTM 的谣言检测模型，将文本中的谣言事件向量化，通过神经网络挖掘能够对文本进行表示的深层特征，避免了特征构建的问题，并能捕获那些不易被人发现的特征，从而产生更好的效果。本次实验平台为百度 AI

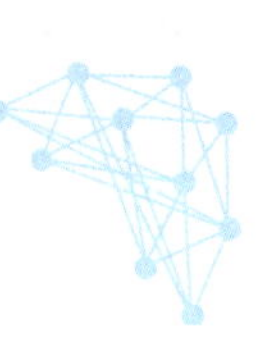

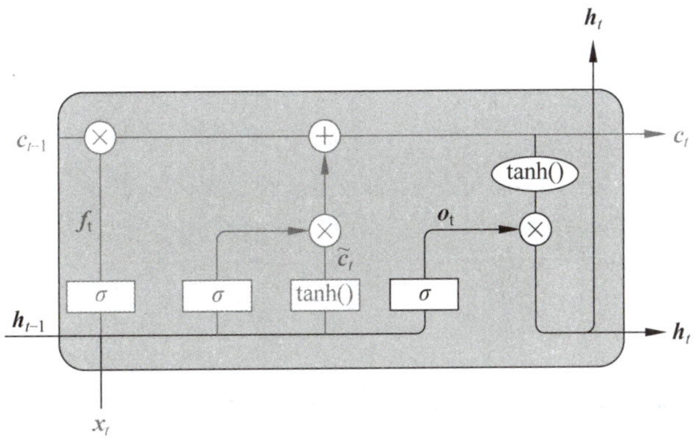

图 6-29　输出门结构

Studio，实验环境为 Python 3.7，飞桨深度学习平台 2.0。

步骤 1：数据准备

本次实验所使用的数据是从新浪微博不实信息举报平台抓取的中文谣言数据，数据集中共包含 1538 条谣言和 1849 条非谣言。如图 6-30 所示，每条数据均为 json 格式，其中 text 字段代表微博原文的文字内容。更多数据集介绍请参考 https://github.com/thunlp/Chinese_Rumor_Dataset。此次实验的数据处理主要有以下几步：

3168_ydQH3AzQm_1641532820.json

```
{
"multi":null,
"text":"【每日一书】《全球通史》[美] 斯塔夫里阿诺斯 著 北京大学出版社这部潜心力作自
"user":{
"verified":true,
"description":true,
"gender":"m",
"messages":23602,
"followers":6065984,
"location":"广东 广州",
"time":1251448522,
"friends":1550,
"verified_type":3
},
"has_url":false,
"comments":125,
"pics":1,
"source":"定时showone",
"likes":0,
"time":1333976404,
"reposts":365
}
```


图 6-30　实验数据样本展示

(1) 对数据集进行解压后，读取并解析 json 格式的数据，生成只包含样本内容和标签的 all_data.txt 文件。

```
# 加载相应的包
import paddle
import numpy as np
import matplotlib.pyplot as plt
import os, zipfile
import io
```

```
import random
import json

# 解压数据集文件
src_path = "data/data20519/Rumor_Dataset.zip"
target_path = "/home/aistudio/data/Chinese_Rumor_Dataset - master"
if(not os.path.isdir(target_path)):
  z = zipfile.ZipFile(src_path, 'r')
  z.extractall(path = target_path)
z.close()
```

读取谣言数据与非谣言数据，为它们分别分配标签 0 与 1，统计两种文本数据的数据量：

```
# 谣言数据文件路径
rumor_class_dirs = os.listdir(target_path + "/Chinese_Rumor_Dataset - master/CED_Dataset/
rumor - repost/")

# 非谣言数据文件路径
non_rumor_class_dirs = os.listdir(target_path + "/Chinese_Rumor_Dataset - master/CED_
Dataset/non - rumor - repost/")

original_microblog = target_path + "/Chinese_Rumor_Dataset - master/CED_Dataset/original -
microblog/"

# 谣言标签为 0,非谣言标签为 1
rumor_label = "0"
non_rumor_label = "1"

# 分别统计谣言数据与非谣言数据的总数
rumor_num = 0
non_rumor_num = 0

all_rumor_list = []
all_non_rumor_list = []

# 解析谣言数据
for rumor_class_dir in rumor_class_dirs:
  if(rumor_class_dir != '.DS_Store'):
    # 遍历谣言数据,并解析
    with open(original_microblog + rumor_class_dir, 'r') as f:
          rumor_content = f.read()
    rumor_dict = json.loads(rumor_content)
    all_rumor_list.append(rumor_label + "\t" + rumor_dict["text"] + "\n")
    rumor_num += 1

# 解析非谣言数据
for non_rumor_class_dir in non_rumor_class_dirs:
  if(non_rumor_class_dir != '.DS_Store'):
    with open(original_microblog + non_rumor_class_dir, 'r') as f2:
          non_rumor_content = f2.read()
```

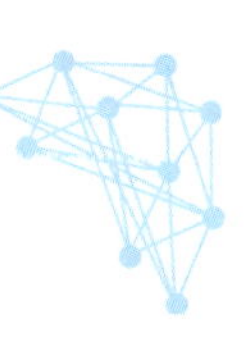


```
    non_rumor_dict = json.loads(non_rumor_content)
all_non_rumor_list.append(non_rumor_label + "\t" + non_rumor_dict["text"] + "\n")
    non_rumor_num += 1

# 打印数据统计结果,如图 6-31 所示
print("谣言数据总量为:" + str(rumor_num))
print("非谣言数据总量为:" + str(non_rumor_num))
```

谣言数据总量为：1538
非谣言数据总量为：1849

图 6-31　数据量大小结果输出

将谣言数据与非谣言数据组合在一起,进行乱序,乱序的目的是均衡谣言与非谣言数据在全数据集内的分布:

```
# 全部数据进行乱序后写入 all_data.txt
data_list_path = "/home/aistudio/data/"
all_data_path = data_list_path + "all_data.txt"

all_data_list = all_rumor_list + all_non_rumor_list

random.shuffle(all_data_list)

# 在生成 all_data.txt 之前,首先将其清空
with open(all_data_path, 'w') as f:
  f.seek(0)
  f.truncate()

with open(all_data_path, 'a') as f:
  for data in all_data_list:
    f.write(data)
```

(2) 针对谣言数据集生成数据字典,即 dict.txt:

```
# 生成数据字典
def create_dict(data_path, dict_path):
  with open(dict_path, 'w') as f:
    f.seek(0)
    f.truncate()

  dict_set = set()
  # 读取全部数据
  with open(data_path, 'r', encoding = 'utf-8') as f:
    lines = f.readlines()
  # 把数据生成一个元组
  for line in lines:
    content = line.split('\t')[-1].replace('\n', '')
    for s in content:
      dict_set.add(s)
  # 把元组转换成字典,一个字对应一个数字
```

```
    dict_list = []
    i = 0
    for s in dict_set:
        dict_list.append([s, i])
        i += 1
    # 添加未知字符
    dict_txt = dict(dict_list)
    end_dict = {"<unk>": i}
    dict_txt.update(end_dict)
    end_dict = {"<pad>": i+1}
    dict_txt.update(end_dict)
    # 把这些字典保存到本地中
    with open(dict_path, 'w', encoding='utf-8') as f:
        f.write(str(dict_txt))

    print("数据字典生成完成!")
```

(3) 生成数据列表,并进行训练集与验证集的划分：train_list.txt 和 eval_list.txt：

```
# 创建序列化表示的数据
def create_data_list(data_list_path):
    # 在生成数据之前,首先将 eval_list.txt 和 train_list.txt 清空
    with open(os.path.join(data_list_path, 'eval_list.txt'), 'w', encoding='utf-8') as f_eval:
        f_eval.seek(0)
        f_eval.truncate()

    with open(os.path.join(data_list_path, 'train_list.txt'), 'w', encoding='utf-8') as f_
train:
        f_train.seek(0)
        f_train.truncate()

    with open(os.path.join(data_list_path, 'dict.txt'), 'r', encoding='utf-8') as f_data:
        dict_txt = eval(f_data.readlines()[0])

    with open(os.path.join(data_list_path, 'all_data.txt'), 'r', encoding='utf-8') as f_data:
        lines = f_data.readlines()

    i = 0
    maxlen = 0
    with open(os.path.join(data_list_path, 'eval_list.txt'), 'a', encoding='utf-8') as f_eval,
open(os.path.join(data_list_path, 'train_list.txt'), 'a', encoding='utf-8') as f_train:
        for line in lines:
            words = line.split('\t')[-1].replace('\n', '')
            maxlen = max(maxlen, len(words))
            label = line.split('\t')[0]
            labs = ""
            # 每8个 抽取一个数据用于验证
            if i % 8 == 0:
                for s in words:
                    lab = str(dict_txt[s])
```

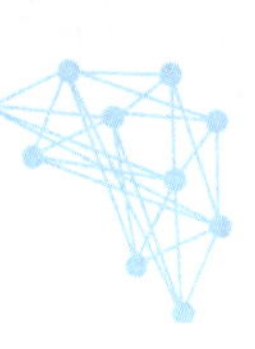

```
            labs = labs + lab + ','
        labs = labs[:-1]
        labs = labs + '\t' + label + '\n'
        f_eval.write(labs)
    else:
        for s in words:
            lab = str(dict_txt[s])
            labs = labs + lab + ','
        labs = labs[:-1]
        labs = labs + '\t' + label + '\n'
        f_train.write(labs)
    i += 1

print("数据列表生成完成!")
  print("样本最长长度:" + str(maxlen))

# 把生成的数据列表都放在自己的总类别文件夹中
data_root_path = "/home/aistudio/data/"
data_path = os.path.join(data_root_path, 'all_data.txt')
dict_path = os.path.join(data_root_path, "dict.txt")

# 创建数据字典
create_dict(data_path, dict_path)

# 创建数据列表
create_data_list(data_root_path)
```

接下来我们对构建的数据集进行样例的打印输出，便于对数据进行更进一步的分析和理解。

```
def load_vocab(file_path):
  fr = open(file_path, 'r', encoding='utf8')
  vocab = eval(fr.read())                       # 读取的 str 转换为字典
  fr.close()

return vocab

# 打印前 2 条训练数据，打印结果如图 6-32 所示
vocab = load_vocab(os.path.join(data_root_path, 'dict.txt'))

def ids_to_str(ids):
  words = []
  for k in ids:
    w = list(vocab.keys())[list(vocab.values()).index(int(k))]
    words.append(w if isinstance(w, str) else w.decode('ASCII'))
  return " ".join(words)

file_path = os.path.join(data_root_path, 'train_list.txt')
with io.open(file_path, "r", encoding='utf8') as fin:
    i = 0
```

```
    for line in fin:
        i += 1
        cols = line.strip().split("\t")
        if len(cols) != 2:
            sys.stderr.write("[NOTICE] Error Format Line!")
            continue
        label = int(cols[1])
        wids = cols[0].split(",")
        print(str(i) + ":")
        print('sentence list id is:', wids)
        print('sentence list is: ', ids_to_str(wids))
        print('sentence label id is:', label)
        print('----------------------------------')

        if i == 2: break
```

```
1:
sentence list id is: ['177', '1679', '1504', '1705', '621', '3382', '2161', '3470', '3135', '4406', '323', '4381', '2514', '536', '2930',
'2275', '3300', '3343', '1349', '1738', '1222', '3325', '1159', '2893', '243', '1084', '1411', '3808', '494', '13', '241', '1575', '1613', '2801',
'3199', '3343', '3382', '2161', '241', '3199', '3343', '570', '1613', '2614', '1705', '473', '1905', '3768', '1524', '232', '1575', '2577',
'2545', '1575', '2577', '115', '2801', '335', '1673', '3382', '2161', '241', '335', '1673', '1705', '570', '473', '1905', '3768', '1524', '232',
'1575', '2577', '2545', '1575', '2577', '2577', '2801', '4265', '3343', '3382', '2161', '241', '4265', '3343', '570', '3998', '473', '1905',
'3768', '1524', '232', '1575', '2577', '2545', '690', '3559', '3275', '2801', '3382', '2161', '4231', '1250', '3127', '3478', '1272', '435',
'3135', '1672', '2915', '1080', '2889', '1770', '4251', '4256', '1669', '985', '1705', '621', '3382', '2161', '4231', '985', '3343', '1349',
'1738', '3709', '1222', '3325', '928', '2233', '1159', '2893', '243', '1409', '3382', '1669', '985', '3300', '1319', '3757', '3757', '1882',
'3470', '1143', '1143', '3757', '2614', '2444', '3543', '1143', '1540', '2705', '1899', '4322', '4322', '1698', '2178']
sentence list is: 【港媒5问全运：宫女内斗太监互掐 东道主黑手没人管】翻看历史，第9届广东全运，广东69.5枚金牌
排名第1；第10届江苏全运，江苏56枚金牌排名第1；第11届山东全运，山东63枚金牌排名第1；四年一届全运会似乎
演起了宫心计。大公报撰文：5问全运会：东道主下黑手为何没人管？全文： http://t.cn/z8xPPqm
sentence label id is: 1
----------------------------------
2:
sentence list id is: ['177', '3444', '1476', '3161', '781', '2145', '435', '1409', '3575', '1201', '1485', '2759', '1084', '4407', '4285',
'2364', '3998', '3998', '985', '932', '2415', '1879', '2028', '1359', '375', '226', '967', '241', '1894', '261', '2577', '115', '1113', '2423',
'3055', '2352', '195', '975', '4000', '3927', '2156', '1616', '2352', '4270', '4311', '4395', '2415', '435', '241', '3275', '3902', '1359',
'2014', '651', '3770', '1040', '3302', '2889', '3055', '4311', '3629', '3287', '2415', '2889', '3055', '1238', '3161', '3936', '2497', '2156',
'2352', '2415', '748', '2980', '435', '3853', '3770', '3770', '3770', '3770', '3575', '855', '1008', '2759']
sentence list is: 【帝都是怎么了？[震惊]】@米娜33，今儿北京毒气爆表，晚上10点我家水龙头放出来的水成这样儿了
，一盆毒死你！奉劝大家这两天儿大家还是把自来水儿给戒了吧！！！！[围观]
sentence label id is: 0
----------------------------------
```

图 6-32 训练样本展示

（4）定义训练数据集加载器：

```
vocab = load_vocab(os.path.join(data_root_path, 'dict.txt'))
class RumorDataset(paddle.io.Dataset):
    def __init__(self, data_dir):
        self.data_dir = data_dir
        self.all_data = []

        with io.open(self.data_dir, "r", encoding='utf8') as fin:
            for line in fin:
                cols = line.strip().split("\t")
                if len(cols) != 2:
                    sys.stderr.write("[NOTICE] Error Format Line!")
                    continue
                label = []
                label.append(int(cols[1]))
                wids = cols[0].split(",")
                if len(wids)>=150:
```

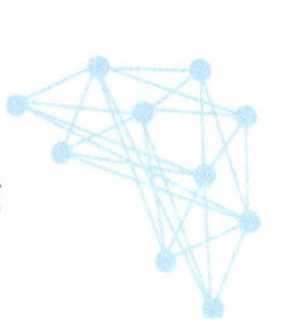

```
            wids = np.array(wids[:150]).astype('int64')
        else:
            wids = np.concatenate([wids, [vocab["<pad>"]] * (150 - len(wids))]).astype('int64')
        label = np.array(label).astype('int64')
        self.all_data.append((wids, label))

    def __getitem__(self, index):
        data, label = self.all_data[index]
        return data, label
    def __len__(self):
        return len(self.all_data)
batch_size = 32
train_dataset = RumorDataset(os.path.join(data_root_path, 'train_list.txt'))
test_dataset = RumorDataset(os.path.join(data_root_path, 'eval_list.txt'))

train_loader = paddle.io.DataLoader(train_dataset,
places = paddle.CPUPlace(),
        return_list = True, shuffle = True,
                                    batch_size = batch_size, drop_last = True)
test_loader = paddle.io.DataLoader(test_dataset, places = paddle.CPUPlace(),
                                    return_list = True, shuffle = True,
                                    batch_size = batch_size, drop_last = True)

# 输出训练数据
print('============= train_dataset =============')
for data, label in train_dataset:
    print(data)
    print(np.array(data).shape)
    print(label)
# 输出验证数据
print('============= test_dataset =============')
for data, label in test_dataset:
    print(data)
    print(np.array(data).shape)
    print(label)
        break
```

将训练和测试数据转换成词典 id 后的结果如图 6-33 所示，每个样本都被截断或补齐至 150 个字符的长度。

步骤 2：模型配置与训练

本实例中，我们定义了一个 LSTM 网络，即使用类 paddle.nn.LSTM(input_size, hidden_size, num_layers=1, direction='forward', dropout=0., time_major=False, weight_ih_attr=None, weight_hh_attr=None, bias_ih_attr=None, bias_hh_attr=None)进行文本编码，该类根据输出序列和给定的初始状态计算返回输出序列和最终状态，在该网络中的每一层对应输入的 step，每个 step 根据当前时刻输入 x(t)和上一时刻状态 h(t−1)、c(t−1)计算当前时刻输出 y(t) 并更新状态 h(t)、c(t) 。

```
=============train_dataset =============
[ 177 1679 1504 1705  621 3382 2161 3470 3135 4406  323 4381 2514  536
 2930 2275 3300 3343 1349 1738 1222 3325 1159 2893  243 1084 1411 3808
  494   13  241 1575 1613 2801 3199 3343 3382 2161  241 3199 3343  570
 1613 2614 1705  473 1905 3768 1524  232 1575 2577 2545 1575 2577  115
 2801  335 1673 3382 2161  241  335 1673 1705  570  473 1905 3768 1524
  232 1575 2577 2545 1575 2577 2577 2801 4265 3343 3382 2161  241 4265
 3343  570 3998  473 1905 3768 1524  232 1575 2577 2545  690 3559 3275
 2801 3382 2161 4231 1250 3127 3478 1272  435 3135 1672 2915 1080 2889
 1770 4251 4256 1669  985 1705  621 3382 2161 4231  985 3343 1349 1738
 3709 1222 3325  928 2233 1159 2893  243 1409 3382 1669  985 3300 1319
 3757 3757 1882 3470 1143 1143 3757 2614 2444 3543]
(150,)
[1]
=============test_dataset =============
[ 177   54 3465 3543 2137 4322  669  754   41  290 2016 2517 3629 3270
 3300 2129 3055  985  950  940 2908 3234  634  850 2599 2577  115 2369
 3858  323 4200 4231 3927 2773 1084 3494  157 3270 2705 4108  411 2072
  950  940 1082   54 3465 3543   26 1180  589 1131 3300 2137 4322  430
  426 3968 3374 1616 2889 1913 2016  139 3629 3270 1297 2129 3055 2949
  422 1297 3275 2366  411 2072  950  940 3968 3374 2908 3234  241 1333
 1741 2162 1616  850 2599 2086 2577  115 2369 3858  323 1245 3064  611
  360 4236  529 1080  411 2072 1072  967 1624 1297  727 3742 2600  651
 2086 2137 4322  950  940 3968 3374  634 1238 2377  488 2713  669  754
 2697 4133  475 1297  850 2599 4200 4231 2723 2340 3981 2889 1163 1841
  847  727 2614  651 1238 2086  488 2137 4322 3960]
(150,)
[1]
```

图 6-33 训练样本与测试样本 id 表示、维度及标签结果

实例化该类接收如下参数配置：input_size 为输入的大小；hidden_size 为隐藏状态大小；num_layers 为网络层数，默认为 1；direction 为网络迭代方向，可设置为 forward 或 bidirect(或 bidirectional)，默认为 forward；time_major 指定 input 的第一个维度是否是 time steps，默认为 False；dropout 为 dropout 概率，指的是出第一层外每层输入时的 dropout 概率，默认为 0。

在得到 LSTM 网络的输出之后，将其通过 Linear 层进行线性变换，在线性变换之后，本实践使用 paddle. nn. functional. softmax()函数对输出结果在类别维度进行归一化，paddle. nn. functional 中提供了一系列可直接计算的算子(如 paddle. nn. functional. conv2d、paddle. nn. functional. softmax 等)，这些算子等价于先实例化对应的类(如 paddle. nn. Conv2D、paddle. nn. Softmax)，然后进行该类的前向传播，直接使用算子方式计算避免了手动的实例化类，方便使用：

```
import paddle
from paddle.nn import Conv2D, Linear, Embedding
from paddle import to_tensor
import paddle.nn.functional as F

class RNN(paddle.nn.Layer):
  def __init__(self):
```

```
        super(RNN, self).__init__()
        self.dict_dim = vocab["<pad>"]
        self.emb_dim = 128
        self.hid_dim = 128
        self.class_dim = 2
        self.embedding = Embedding(
            self.dict_dim + 1, self.emb_dim,
            sparse=False)
        self._fc1 = Linear(self.emb_dim, self.hid_dim)
        self.lstm = paddle.nn.LSTM(self.hid_dim, self.hid_dim)
        self.fc2 = Linear(19200, self.class_dim)

    def forward(self, inputs):
        emb = self.embedding(inputs)
        fc_1 = self._fc1(emb)
        x = self.lstm(fc_1)
        x = paddle.reshape(x[0], [0, -1])
        x = self.fc2(x)
        x = paddle.nn.functional.softmax(x)
        return x

rnn = RNN()
# 打印网络的基础结构和参数信息,如图 6-34 所示
paddle.summary(rnn,(32,150),"int64")
```

```
-------------------------------------------------------------------------------------------
 Layer (type)       Input Shape                    Output Shape                   Param #
===========================================================================================
 Embedding-2        [[32, 150]]                  [32, 150, 128]                   564,608
  Linear-3        [[32, 150, 128]]               [32, 150, 128]                   16,512
   LSTM-2         [[32, 150, 128]]   [[32, 150, 128], [[1, 32, 128], [1, 32, 128]]]  132,096
  Linear-4          [[32, 19200]]                    [32, 2]                      38,402
===========================================================================================
Total params: 751,618
Trainable params: 751,618
Non-trainable params: 0
-------------------------------------------------------------------------------------------
Input size (MB): 0.02
Forward/backward pass size (MB): 142.06
Params size (MB): 2.87
Estimated Total Size (MB): 144.95
-------------------------------------------------------------------------------------------

{'total_params': 751618, 'trainable_params': 751618}
```

图 6-34　网络结构及参数信息

接下来我们可以实例化模型并进行训练:

```
def draw_process(title,color,iters,data,label):
    plt.title(title, fontsize=24)
    plt.xlabel("iter", fontsize=20)
    plt.ylabel(label, fontsize=20)
    plt.plot(iters, data,color=color,label=label)
```

```
    plt.legend()
    plt.grid()
      plt.show()

def train(model):
    model.train()
    opt = paddle.optimizer.Adam(learning_rate = 0.002, parameters = model.parameters())

    steps = 0
    Iters, total_loss, total_acc = [], [], []
    # 训练 3 轮
    for epoch in range(3):
        for batch_id, data in enumerate(train_loader):
            steps += 1
            sent = data[0]
            label = data[1]

            logits = model(sent)
            loss = paddle.nn.functional.cross_entropy(logits, label)
            acc = paddle.metric.accuracy(logits, label)
            # 每 50 个 batch 输出一次结果,如图 6-35 所示
```

```
epoch: 0, batch_id: 0, loss is: [0.68715864]
epoch: 0, batch_id: 50, loss is: [0.54819226]
[validation] accuracy: 0.8605769276618958, loss: 0.4531055688858032
epoch: 1, batch_id: 0, loss is: [0.5612684]
epoch: 1, batch_id: 50, loss is: [0.40336296]
[validation] accuracy: 0.807692289352417, loss: 0.497310996055603
epoch: 2, batch_id: 0, loss is: [0.39833498]
epoch: 2, batch_id: 50, loss is: [0.37105706]
[validation] accuracy: 0.7788461446762085, loss: 0.520526111125946
```

图 6-35 模型训练部分输出

```
            if batch_id % 50 == 0:
                Iters.append(steps)
                total_loss.append(loss.numpy()[0])
                total_acc.append(acc.numpy()[0])

                print("epoch: {}, batch_id: {}, loss is: {}".format(epoch, batch_id, loss.numpy()))

            loss.backward()
            opt.step()
            opt.clear_grad()

        # 每个 epoch 后对模型进行评估
        model.eval()
        accuracies = []
        losses = []

        for batch_id, data in enumerate(test_loader):
```

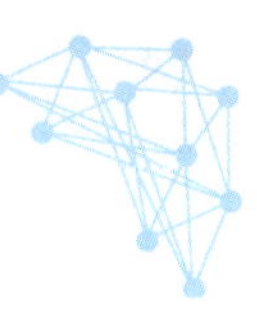

```
            sent = data[0]
            label = data[1]
            logits = model(sent)
            loss = paddle.nn.functional.cross_entropy(logits, label)
            acc = paddle.metric.accuracy(logits, label)
            accuracies.append(acc.numpy())
            losses.append(loss.numpy())

        avg_acc, avg_loss = np.mean(accuracies), np.mean(losses)
        print("[validation] accuracy: {}, loss: {}".format(avg_acc, avg_loss))
        model.train()
    # 保存模型
    paddle.save(model.state_dict(),"model_final.pdparams")
    # 可视化查看,绘制每一轮迭代完成后,模型的 loss 值和 acc 值的结果,如图 6-36 所示
    draw_process("trainning loss","red",Iters,total_loss,"trainning loss")
    draw_process("trainning acc","green",Iters,total_acc,"trainning acc")

model = RNN()
train(model)
```

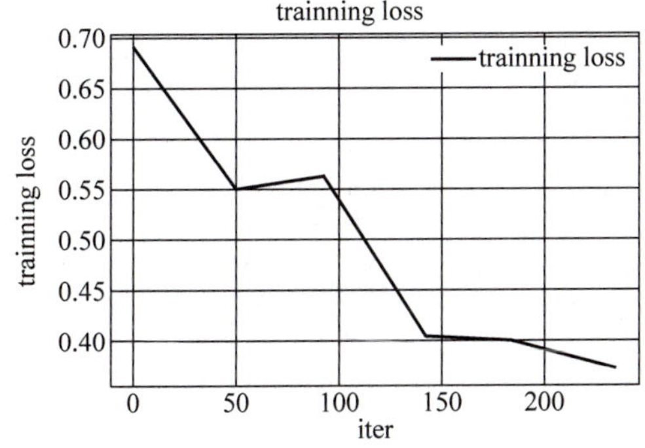

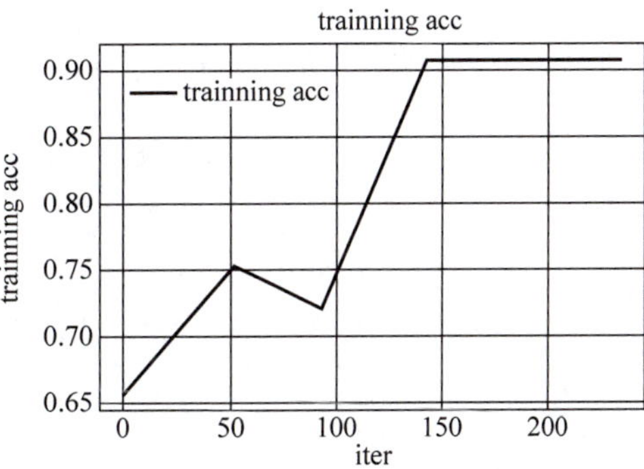

图 6-36　模型训练损失值、准确率随迭代次数变化趋势

步骤 3：模型评估与预测

和实践二十三类似,我们也对训练好的模型进行加载和训练效果评估。

```
model_state_dict = paddle.load('model_final.pdparams')
model = RNN()
model.set_state_dict(model_state_dict)
model.eval()
label_map = {0:"是", 1:"否"}
samples = []
predictions = []
accuracies = []
losses = []

for batch_id, data in enumerate(test_loader):
```

```
    sent = data[0]
    label = data[1]

    logits = model(sent)

    for idx,probs in enumerate(logits):
      # 映射分类 label
      label_idx = np.argmax(probs)
      labels = label_map[label_idx]
      predictions.append(labels)
      samples.append(sent[idx].numpy())

    loss = paddle.nn.functional.cross_entropy(logits, label)
    acc = paddle.metric.accuracy(logits, label)

    accuracies.append(acc.numpy())
    losses.append(loss.numpy())

  avg_acc, avg_loss = np.mean(accuracies), np.mean(losses)
  # 打印模型在测试集上的预测准确率,及第一条样本的预测结果,如图 6-37 所示
  print("[validation] accuracy: {}, loss: {}".format(avg_acc, avg_loss))
  print('数据: {} \n\n 是否谣言: {}'.format(ids_to_str(samples[0]), predictions[0]))
```

```
[validation] accuracy: 0.7788461446762085, loss: 0.5199828743934631
数据: 【 上 海 大 学 一 学 院 男 生 被 室 友 捅 伤 致 死 】 1 2 日 , 上 海 大 学 巴 士 汽 车 学 院
内 发 生 血 案 , 警 方 接 报 赶 往 现 场 将 一 持 刀 捅 伤 室 友 的 2 1 岁 男 生 汤 某 控 制 , 2 0
岁 伤 者 聂 某 送 医 抢 救 无 效 死 亡 。 汤 某 被 刑 拘 。 案 发 寝 室 内 , 两 男 生 非 同 专 业 ,
或 因 琐 事 争 吵 而 肢 体 冲 突 , 汤 某 用 一 把 小 刀 捅 伤 聂 某 。 综 合 新 华 、 新 民 网 h t
t p : / / t . c n / 8 D D Q t

是否谣言: 是
```

图 6-37 模型预测结果输出

实践二十五：基于 GRU 实现情感分类

门控循环单元(Gated Recurrent Unit,GRU)是 LSTM 网络的一种效果很好的变体,是一种比 LSTM 网络更加简单的循环神经网络,其目的也是为了解决 RNN 网络中的长距离依赖问题。

在上一节中我们提到,LSTM 网络引入了三个“门”：输入门、遗忘门和输出门,分别控制 t 时刻网络的输入值、记忆值和输出值。实际上,在 LSTM 网络中,输入门和遗忘门之间是互补关系,具有一定的冗余性；而在 GRU 模型中只有两个门：更新门 z_t 和重置门 r_t,具体结构如图 6-38 所示。

更新门用于控制当前状态需要从历史状态中保留多少信息(不经过非线性变换),以及需要从候选状态中接收多少新信息,即：

$$z_t = \sigma(W_z x_t + U_z h_{t-1} + b_z)$$

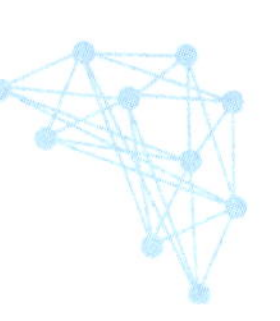

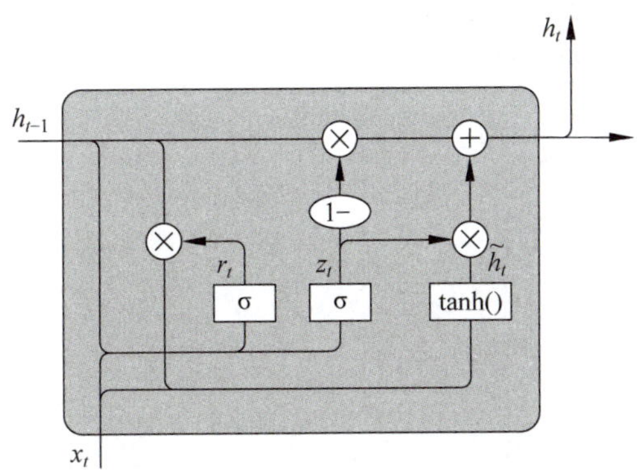

图 6-38　GRU 门控机制

$$h_t = z_t \odot h_{t-1} + (1 - z_t) \odot \tilde{h}_t$$

其中，$\tilde{h}_t$ 为当前时刻计算出的候选状态：

$$\tilde{h}_t = \tanh(W_h x_t + U_h (r_t \odot h_{t-1}) + b_h)$$

r_t 为重置门，用来控制候选状态 $\tilde{h}_t$ 的计算是否依赖上一时刻的状态 h_{t-1}：

$$r_t = \sigma(W_r x_t + U_r h_{t-1} + b_r)$$

概括来说，LSTM 和 GRU 都是通过各种门控函数将重要信息保存下来，即使在长距离传输的过程中也不会丢失。同时，由于 GRU 相比于 LSTM 减少了一个门控函数，因此在参数的数量上要少于 LSTM，所以整体上 GRU 的训练速度要快于 LSTM，但是最终的训练效果取决于具体的应用场景，我们需要根据不同的任务选择更加合适的网络。

本次实验我们使用实践二十二的数据集利用 GRU 完成情感分类的任务。由于数据集相同，我们不再详细介绍数据加载和处理的流程，同时，模型训练和验证的步骤也十分类似，此处不再进行赘述。我们仅给出 GRU 模型的配置代码(GRU 接收的参数与 LSTM 完全一致此处不再赘述)，其余部分读者可参考实践二十二的代码进行实现。

```
# 定义 GRU 网络
class MyGRU(paddle.nn.Layer):
  def __init__(self):
    super(MyGRU, self).__init__()
    self.embedding = nn.Embedding(vocab_size, 256)
    self.gru = nn.GRU(256, 256, num_layers = 2, direction = 'bidirectional',dropout = 0.5)
    self.linear = nn.Linear(in_features = 256 * 2, out_features = 2)
    self.dropout = nn.Dropout(0.5)

  def forward(self, inputs):
    emb = self.dropout(self.embedding(inputs))
    # output 形状大小为[batch_size,seq_len,num_directions * hidden_size]
    # hidden 形状大小为[num_layers * num_directions, batch_size, hidden_size]
    # 把前向的 hidden 与后向的 hidden 合并在一起
    output, hidden = self.gru(emb)
    hidden = paddle.concat((hidden[ - 2,:,:], hidden[ - 1,:,:]), axis = 1)
```

```
        # hidden形状大小为[batch_size, hidden_size * num_directions]
        hidden = self.dropout(hidden)
        return self.linear(hidden)
```

第 7 章　深度学习前沿应用

作为近十年来人工智能领域取得的最重要突破，深度学习受到世界各国相关研究人员的高度重视，并将其广泛应用于图像处理、文本处理等领域中，例如当下比较受欢迎的人脸检测识别(刷脸)、智能管理(考勤、车牌检测、监控)、图像风格迁移、实时翻译、风控文本审核等。近年来，预训练-微调方法取得了非常快速的发展，尤其是基于 Transformer 技术的大规模文本预训练模型 BERT 的横空出世，促进了学术界和产业界的共同进步，而基于 Transformer 的图像预训练模型也迎来了爆发时期。

飞桨深度学习框架提供了多种深度学习的前沿技术支持，比如工具组件 PaddleHub 与基础模型库 PaddleNLP：

(1) PaddleHub：PaddleHub 是飞桨生态下的预训练模型的管理工具，旨在让飞桨生态下的开发者更便捷地享受到大规模预训练模型的价值。用户可以通过 PaddleHub 便捷地获取飞桨生态下的预训练模型，结合 Fine-tune API 快速完成迁移学习到应用部署的全流程工作，让预训练模型能更好地服务于用户特定场景的应用，也支持指定领域的一键推理，如车辆检测、行人检测、文本审核、诗歌生成等。除了支持文本、图像领域，PaddleHub 也支持视频、语音和工业应用等几个主流方向，为用户准备了大量高质量的预训练模型，可以满足用户各种应用场景的任务需求，包括但不限于词法分析、情感分析、图像分类、图像分割、目标检测、关键点检测、视频分类等经典任务。

(2) PaddleNLP：PaddleNLP 是飞桨自然语言处理核心开发库，拥有覆盖多场景的模型库、简洁易用的全流程 API 与动静统一的高性能分布式训练能力，旨在为飞桨开发者提升文本领域建模效率，并提供基于飞桨深度学习平台 2.0 的 NLP 领域最佳实验。

本章将介绍如何利用飞桨深度学习平台进行前沿技术的应用，主要实验包括：基于 PaddleHub 的目标检测、基于 VGGNet 的图像风格迁移、基于 paddle. vision 的图像分类任务 Fine-Tuning、文本审核以及基于 PaddleNLP 的文本生成和 Fine-Tuning 分类。

实践二十六：目 标 检 测

对计算机而言，能够“看到”的是图像被编码之后的数字，但它很难理解高层语义概念，比如图像或者视频帧中出现的目标是人还是物体，更无法定位目标出现在图像中哪个区域。目标检测的主要目的是让计算机可以自动识别图片或者视频帧中所有目标的类别，并在该目标周围绘制边界框，标示出每个目标的位置。

目标检测的过程为：在输入图片上生成一系列可能包含对象的区域，这些区域称为候选区域(在一张图上可以生成很多个候选区域),然后对每个候选区域,可以把它单独当成一幅图像来看待,使用图像分类模型对它进行分类,看它属于哪个类别或者背景(即不包含任何对象的类别)。本实验的目的是简单地演示如何使用 PaddleHub 工具,实现目标检测(推理过程,如何使用飞桨深度学习平台进行预训练,而微调的实验将在后面的小节介绍),本次实验平台为百度 AI Studio,实验环境为 Python 3.7,Paddle2.0,PaddleHub2.0。

步骤 1: 加载待检测图片

```
# 导入相关包
import paddlehub as hub
import cv2
import matplotlib.image as mpimg
import matplotlib.pyplot as plt
# 使用不同的预训练模型,检测图 7-1 的目标
```

图 7-1　本实验使用原图

步骤 2: 定义目标检测函数

由于 PaddleHub 提供了多种目标检测预训练模型,因此可以尝试使用不同的预训练模型进行检测,通过参数控制调用模型类型:

```
# 定义目标检测接口函数:module_name 为选择的预训练模型名称
def object_detection(module_name):
  vehicles_detector = hub.Module(name = module_name)
  result = vehicles_detector.object_detection(images = [cv2.imread('motuoche2.jpg')])
  img = mpimg.imread(result[0]['save_path'])
  plt.figure(figsize = (15,15))
  plt.imshow(img)
plt.show()
```

步骤 3: 目标检测

由于图 7-1 中包含机动车与人物,因此,本实验使用下列四种预训练模型进行检测,并

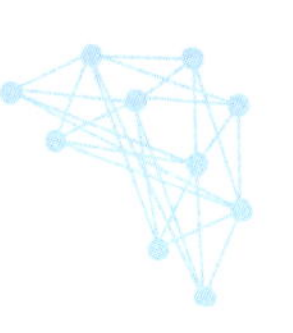

且展示检测结果：yolov3_darknet53_pedestrian、yolov3_darknet53_vehicles、yolov3_mobilenet_v1_coco2017 及 faster_rcnn_resnet50_fpn_coco2017：

```
object_detection('yolov3_darknet53_pedestrian')
# 检测结果如图 7-2 所示
# 可检测行人
```

图 7-2　行人检测结果（yolov3_darknet53_pedestrian）

```
object_detection('yolov3_darknet53_vehicles')
# 检测结果如图 7-3 所示
# 可检测车辆
```

图 7-3　机动车辆检测结果（yolov3_darknet53_vehicles）

```
object_detection('yolov3_mobilenet_v1_coco2017')
# 检测结果如图 7-4 所示
# 可检测车辆及行人
```

图 7-4　行人及机动车辆检测结果(yolov3_mobilenet_v1_coco2017)

```
object_detection('faster_rcnn_resnet50_fpn_coco2017')
# 检测结果如图 7-5 所示
# 可检测车辆及行人
```

图 7-5　行人及机动车辆检测结果(faster_rcnn_resnet50_fpn_coco2017)

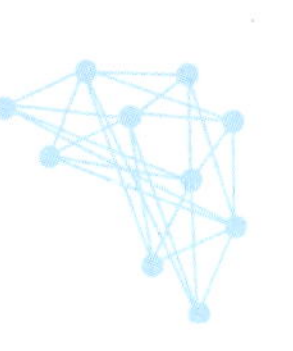

实践二十七：图像风格迁移

图像风格迁移是指利用算法学习著名画作的风格，然后再把这种风格应用到另外一张图片上的技术。风格迁移的两个要素是内容与风格，最终期望达成的效果是，输入一张图像，可以把它转化为带有某种特定风格的图像，同时保留图像中原有的内容信息。

使用神经网络进行图像风格迁移的基本过程为：输入一张内容图与一张风格图片，然后初始化迁移图像，即要生成的带有风格的图片，一般为在原始图片上加一部分噪声，此处需要注意的是，迁移图像虽然是输入图像，但也是被更新的参数！此时的神经网络是预训练好的，使用时固定参数不变，用于提取内容图像、风格图像以及迁移图像的特征，再用这些特征构造内容损失和风格损失，最小化迁移图像和内容图像的内容损失，并且最小化迁移图像和风格图像的风格损失。

本实验的目的是演示如何使用预训练的 VGGNet 实现图像风格的迁移（下图 7-6 左为内容图像，右为风格图像），本次实验平台为百度 AI Studio，实验环境为 Python 3.7，Paddle2.0。

图 7-6　本实验使用图（左：内容图像，右：风格图像）

步骤 1：图像加载

```
# 导入相关包
import paddle
from paddle import ParamAttr
import paddle.nn as nn
import paddle.nn.functional as F
from paddle. nn import Conv2D, BatchNorm, Linear, Dropout, AdaptiveAvgPool2D, MaxPool2D,
        AvgPool2D
import numpy as np
import PIL
from sklearn.neighbors import KNeighborsRegressor
import os
from skimage import io
```

```
from skimage.color import rgb2lab, lab2rgb
from skimage.transform import resize
import matplotlib.pyplot as plt
import math

# 三个通道的均值初始化
means = np.array([0.485, 0.456, 0.406])

# 读取风格图像
image_style = io.imread('work/风格图像/虚空夜月.jpg')
image_style = resize(image_style, (384,512))
image_style = (image_style - means) * 255

# 读取内容图像
image_content = io.imread('/home/aistudio/work/浮光楼阁.png')
sz = image_content.shape[:2]
image_content = resize(image_content, (384,512))
image_content = (image_content - means) * 255

# 初始化迁移图像:一部分原始图像 + 一部分噪声
image_transfer = 0.3 * image_content +
                  0.7 * np.random.randint(-20, 20, (image_content.shape[0],
                   image_content.shape[1], image_content.shape[2]))

plt.imshow(image_transfer/255 + means)
plt.show()
# 原图(左),初始化的迁移图像如下(右),见图 7-7

image_transfer = paddle.to_tensor(image_transfer[:,:,:,None].transpose([3, 2,0,1]).astype
                                  ('float32'), stop_gradient = False)
```

图 7-7　原内容图(左)与初始化的迁移图(右)

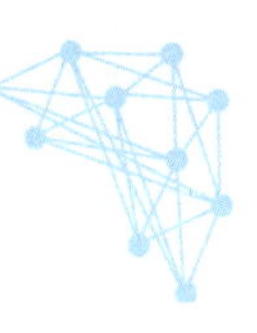

步骤 2：模型配置

定义 VGGNet 网络结构，并且使用预训练好的参数（参数链接：https://paddle-imagenet-models-name.bj.bcebos.com/dygraph/VGG19_pretrained.pdparams）初始化网络，注意此处网络不微调，只作特征抽取器使用：

```
# 卷积块定义
class ConvBlock(nn.Layer):
  def __init__(self, input_channels, output_channels, groups, name = None):
    super(ConvBlock, self).__init__()

    self.groups  =  groups
    self._conv_1  =  Conv2D(
      in_channels = input_channels,
      out_channels = output_channels,
      kernel_size = 3,
      stride = 1,
      padding = 1,
      weight_attr = ParamAttr(name = name  +  "1_weights"),
      bias_attr = False)

    if groups  ==  2 or groups  ==  3 or groups  ==  4:
      self._conv_2  =  Conv2D(
        in_channels = output_channels,
        out_channels = output_channels,
        kernel_size = 3,
        stride = 1,
        padding = 1,
        weight_attr = ParamAttr(name = name  +  "2_weights"),
        bias_attr = False)

    if groups  ==  3 or groups  ==  4:
      self._conv_3  =  Conv2D(
        in_channels = output_channels,
        out_channels = output_channels,
        kernel_size = 3,
        stride = 1,
        padding = 1,
        weight_attr = ParamAttr(name = name  +  "3_weights"),
        bias_attr = False)

    if groups  ==  4:
      self._conv_4  =  Conv2D(
        in_channels = output_channels,
        out_channels = output_channels,
        kernel_size = 3,
        stride = 1,
        padding = 1,
        weight_attr = ParamAttr(name = name  +  "4_weights"),
```

```
            bias_attr = False)

        self._pool = AvgPool2D(kernel_size = 2, stride = 2, padding = 0)

    def forward(self, inputs):                          # 前向传播函数
        conv1 = self._conv_1(inputs)
        x = F.relu(conv1)

        if self.groups == 2 or self.groups == 3 or self.groups == 4:
            conv2 = self._conv_2(x)
            x = F.relu(conv2)

        if self.groups == 3 or self.groups == 4:
            x = self._conv_3(x)
            x = F.relu(x)

        if self.groups == 4:
            x = self._conv_4(x)
            x = F.relu(x)

        x = self._pool(x)
        return x, conv1, conv2

# VGGNet 网络定义
class VGGNet(nn.Layer):
    def __init__(self):
        super(VGGNet, self).__init__()
        self.groups = [2, 2, 4, 4, 4]
        self._conv_block_1 = ConvBlock(3, 64, self.groups[0], name = "conv1_")
        self._conv_block_2 = ConvBlock(64, 128, self.groups[1], name = "conv2_")
        self._conv_block_3 = ConvBlock(128, 256, self.groups[2], name = "conv3_")
        self._conv_block_4 = ConvBlock(256, 512, self.groups[3], name = "conv4_")
        self._conv_block_5 = ConvBlock(512, 512, self.groups[4], name = "conv5_")

    def forward(self, inputs):                          # 前向计算
        x, conv1_1, _ = self._conv_block_1(inputs)
        x, conv2_1, _ = self._conv_block_2(x)
        x, conv3_1, _ = self._conv_block_3(x)
        x, conv4_1, conv4_2 = self._conv_block_4(x)
        _, conv5_1, _ = self._conv_block_5(x)
        return conv4_2, conv1_1, conv2_1, conv3_1, conv4_1, conv5_1

# 定义网络作特征抽取器
vgg19 = VGGNet()
# 加载预训练参数
vgg19.set_state_dict(paddle.load('work/vgg19_ww.pdparams'))
# 开启验证模式,参数固定不更新
vgg19.eval()
```

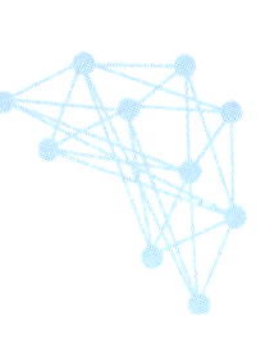

步骤 3：定义损失函数与优化过程

在优化过程中，网络参数不更新，只更新迁移图像的像素值，因此，需要自定义损失函数来优化。首先要保留内容图像的内容，可直接将内容图像的输出特征与偏移图像的输出特征进行均方误差损失计算，即，内容损失是迁移图像、内容图像在 conv4_2 层输出特征的 L2 损失。风格损失比较复杂，需要引入格拉姆矩阵（Gram Matrix），格拉姆矩阵由展平后的特征图两两作内积得到，可以看作是特征之间的偏置协方差矩阵（即没有减去均值的协方差矩阵），在特征中，每一个数字都来自于一个特定滤波器在特定位置的卷积，因此每个数字就代表一个特征的强度，而 Gram 计算的实际上是两两特征之间的相关性，哪两个特征是同时出现的，哪两个是此消彼长的，等等，同时，Gram 的对角线元素，还体现了每个特征在图像中出现的量，因此，Gram 有助于把握整个图像的大体风格，有了表示风格的 Gram Matrix，要度量两个图像风格的差异，只需比较它们 Gram Matrix 的差异即可。

```
# 定义内容损失
# L2 损失
def contentloss(content, transfer):
    return 0.5 * paddle.sum((content - transfer) * * 2)

# 计算特征映射的 Gram 矩阵
def gram(feature):
    _, c, h, w = feature.shape
    feature = feature.reshape([c,h * w])
    return paddle.matmul(feature, feature.transpose([1,0]))

# 定义风格损失
def styleloss(style, transfer, weight):
    loss = 0
    for i in range(len(style)):
        # 风格图像的 Gram 矩阵
        gram_style = gram(style[i])
        # 迁移图像的 Gram 矩阵
        gram_transfer = gram(transfer[i])
        _, c, h, w = style[i].shape
        loss += weight[i] * paddle.sum((gram_style - gram_transfer) ** 2) / (2 * c * h * w) ** 2
    return loss

# 自定义一个 Adam 优化器，更新迁移函数图像的参数
def adam(image_transfer, m, v, g, t, η, β1 = 0.9, β2 = 0.999, ε = 1e - 8):
    m = β1 * m + (1 - β1) * g
    v = β2 * v + (1 - β2) * g ** 2
    m_hat = m / (1 - β1 ** t)
    v_hat = v / (1 - β2 ** t)
    image_transfer -= η * m_hat / (P.sqrt(v_hat) + ε)
    return image_transfer, m, v
```

步骤4：生成图像

定义一个训练函数，由于只更新迁移图像参数，因此只需要计算一次内容图像与风格图像的特征，而迁移图像的特征在每次更新迭代中都会发生变化：

```
# 单步迭代
def trainer(image_transfer, m, v, net, features_content, features_style, t, η):
    # 迁移图像特征抽取
    features_transfer = net(image_transfer)
    # 计算内容损失
    loss_content = contentloss(features_content[0], features_transfer[0])
    weight_style = [0.5, 1.0, 1.5, 3.0, 4.0]
    # 计算风格损失
    loss_style = styleloss(features_style[1:], features_transfer[1:], weight_style)
    # 内容损失 + 风格损失
    loss = 1e0 * loss_content + 1e3 * loss_style
    net.clear_gradients()
    # 仅计算迁移图像参数的梯度
    gradients = paddle.grad(loss, image_transfer)[0]
    m, v = 0, 0
    # 反向传播
    image_transfer, m, v = adam(image_transfer, m, v, gradients, t, η)
    return image_transfer, m, v

# 多轮迭代
def train(image_transfer, net, epoch_num):
    # 内容图像与风格图像特征抽取
    features_content = net(paddle.to_tensor(image_content[:,:,:, None].transpose([3,2,0,1]).
                            astype('float32')))
    features_style = net(paddle.to_tensor(image_style[:,:,:, None].transpose([3,2,0,1]).
                            astype('float32')))
    m = paddle.zeros_like(image_transfer)
    v = paddle.zeros_like(image_transfer)

    for epoch in range(epoch_num):
        image_transfer, m, v = trainer(image_transfer, m, v, net, features_content, features_
                                style, epoch+1, 2)
        # 每更新50轮输出一次迁移图像
        if (epoch+1) % 50 == 0:
            print('Epoch: ', epoch+1)
            im = np.squeeze(image_transfer.numpy().transpose([2, 3,1,0]))
            im = im/255 + means
            im = resize(im, sz)
            im = PIL.Image.fromarray(np.uint8(im * 255))
            plt.imshow(im)
            plt.show()

# 执行训练
train(image_transfer, vgg19, 250)
# 输出结果如图7-8所示
```

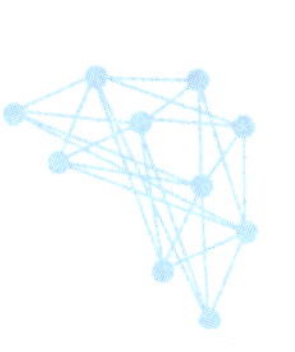

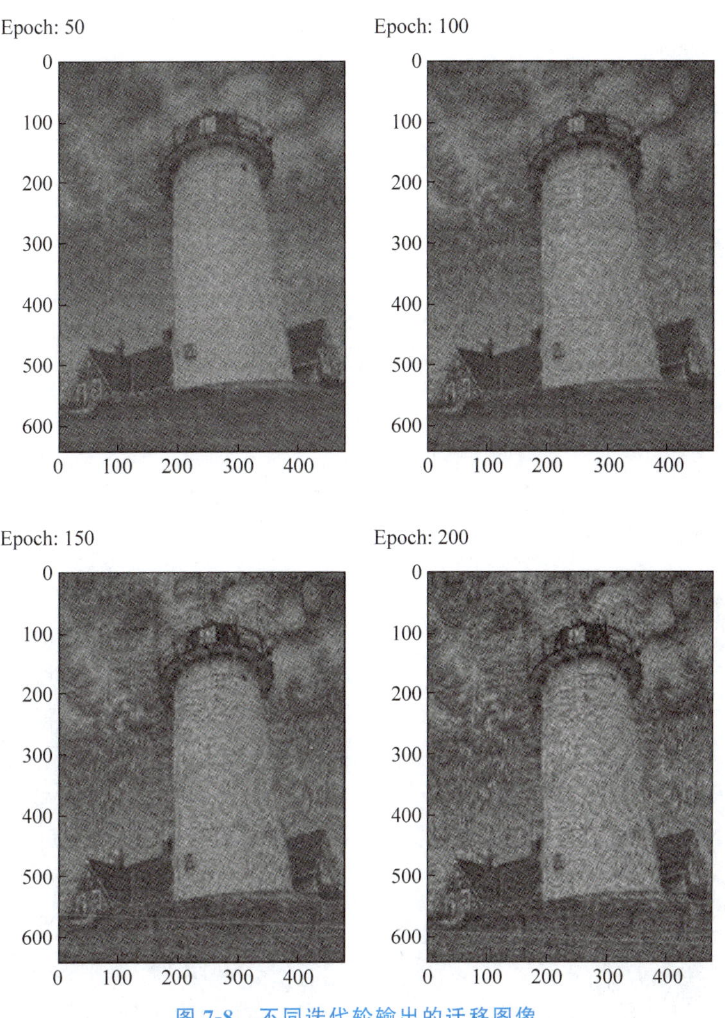

图 7-8　不同迭代轮输出的迁移图像

步骤 5：基于 PaddleHub 的图像风格迁移

上述方法训练虽然简便，但是只能处理相同大小的内容图像与风格图像，在某些应用场景中并不方便。PaddleHub 也提供了图像风格迁移的接口，实现简单方便且高效，如下：

```
# 导入相关包
import paddlehub as hub
import cv2
import matplotlib.image as mpimg
import matplotlib.pyplot as plt

# 加载图像风格迁移模型
stylepro_artistic = hub.Module(name = "stylepro_artistic")
results = stylepro_artistic.style_transfer(images = [{
    'content': cv2.imread("work/浮光楼阁.png"),
    'styles': [cv2.imread("work/风格图像/虚空夜月.jpg")]}],
```

```
        alpha = 1.0,
        visualization = True)

# 原图展示
test_img_path = "work/浮光楼阁.png"
img = mpimg.imread(test_img_path)
plt.figure(figsize = (10,10))
plt.imshow(img)
plt.axis('off')
plt.show()
# 预测结果展示
test_img_path = "transfer_result/ndarray_1620094320.1111157.jpg"
img = mpimg.imread(test_img_path)
plt.figure(figsize = (10,10))
plt.imshow(img)
plt.axis('off')
plt.show()
# 展示结果如图 7-9 所示
```

图 7-9　基于 PaddleHub 的图像风格迁移结果

实践二十八：图像分类 Fine-Tuning

在计算机视觉领域，预训练-微调模式已经沿用了多年，即在大规模图片数据集预训练模型参数，然后将训练好的参数在新的小数据集任务上进行微调，从而产生泛化性能更好的模型。

ResNet 为常用的预训练模型之一，其核心操作为卷积与残差连接。卷积层均为 3×3 的滤波器，并遵循两个简单的设计规则：①对于相同的输出特征图尺寸，每层具有相同数量的滤波器；②如果特征图尺寸减半，则滤波器数量加倍，以保持每层的时间复杂度。直接用步长为 2 的卷积层进行下采样，网络以全局平均池化层和伴随 softmax 的 1000 维全连接层结束，其中，卷积层数为 34，因此也称为 ResNet34(如图 7-10 所示)。

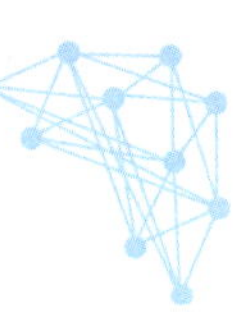

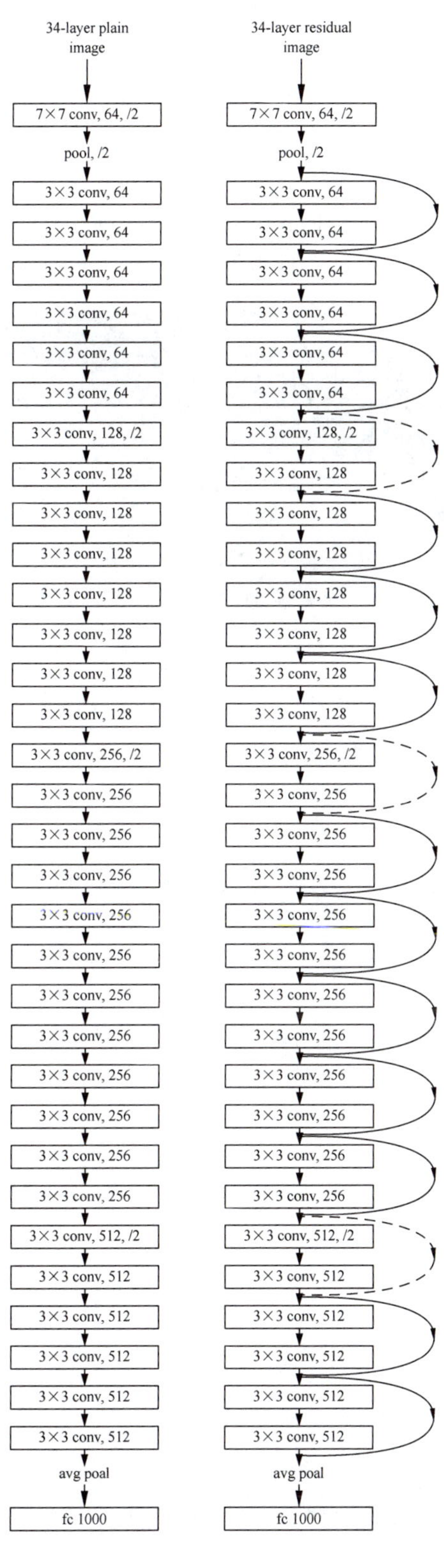

图 7-10　ResNet34 网络结构

本小节将使用 ResNet34 预训练-微调框架，实现猫脸 12 分类。对于给定的猫脸，判断其所属类型。

本次实验平台为百度 AI Studio，实验环境为 Python 3.7，Paddle2.0，实验步骤如下：

步骤 1：数据加载及预处理

本实验数据集来源于网络开源数据集（https://aistudio.baidu.com/aistudio/datasetdetail/10954），该数据集中包含 12 类猫图片，总计数据量为 2160，部分图片展示如图 7-11 所示。

图 7-11　数据集样本展示

（1）首先将该数据集挂载到当前项目中，然后读取数据文件，将数据按照 8：2 划分为训练集与验证集：

```
# 导入相关包
import os
import time
import os.path as osp
import zipfile

import numpy as np
import paddle
import paddle.nn as nn
import pandas as pd
import paddle.nn.functional as F
from PIL import Image
from paddle.io import Dataset, DataLoader
from paddle.optimizer import Adam
from paddle.vision import Compose, ToTensor, Resize
from paddle.vision.models import resnet34                      # 预训练模型
from paddle.metric import Accuracy
from sklearn.model_selection import StratifiedShuffleSplit    # 数据集划分
import matplotlib.image as mpimg
import matplotlib.pyplot as plt

# 读取 Excel 文件
info = pd.read_csv(osp.join('./data', 'train_list.txt'), sep = '\t', header = None)
# 将图片名称与标签分离
images, labels = info.iloc[:, 0], info.iloc[:, 1]
```

```
# 划分训练集与验证集
split = StratifiedShuffleSplit(test_size = 0.2)
train_idx, valid_idx = next(split.split(images, labels))
info_tr = info.iloc[train_idx, :]
info_va = info.iloc[valid_idx, :]
# 将训练集与测试集的图像路径及标签分别写入文件中
info_tr.to_csv('data/train.csv', header = False, index = False)
info_va.to_csv('data/valid.csv', header = False, index = False)
```

(2) 数据集封装：将数据集封装为 Dataset 格式，用于模型训练与预测：

```
class CatDataset(Dataset):
  train_file = 'cat_12_train.zip'                    # 全局文件名
  test_file = 'cat_12_test.zip'
  train_label = 'train_list.txt'

  def __init__(self, root, mode, transform = None):
    super(CatDataset, self).__init__()
    self.root = root
    self.mode = mode

    # 变换函数
    self.transform = transform

    # 检查路径是否合法
    if not osp.isfile(osp.join(root, self.train_file)) or \
        not osp.isfile(osp.join(root, self.train_label)) or \
        not osp.isfile(osp.join(root, self.test_file)):
      raise ValueError('wrong data path')

    if not osp.isdir(osp.join(self.root, 'cat_12_train')):
      with zipfile.ZipFile(osp.join(root, self.train_file)) as f:
        f.extractall(root)
      with zipfile.ZipFile(osp.join(root, self.test_file)) as f:
        f.extractall(root)

    if mode == 'train':
      info = pd.read_csv(osp.join(root, 'train_list.txt'), sep = '\t', header = None)
      self.images = info.iloc[:, 0].to_list()
      self.labels = paddle.to_tensor(
        info.iloc[:, 1].to_list()
      )
    elif mode == 'train_':
      info = pd.read_csv(osp.join(root, 'train.csv'), header = None)
      self.images = info.iloc[:, 0].to_list()
      self.labels = paddle.to_tensor(
        info.iloc[:, 1].to_list()
      )
      pass
    elif mode == 'valid_':
```

```
            info = pd.read_csv(osp.join(root, 'valid.csv'), header = None)
            self.images = info.iloc[:, 0].to_list()
            self.labels = paddle.to_tensor(
                info.iloc[:, 1].to_list()
            )
        else:
            images = os.listdir(os.path.join(root, 'cat_12_test'))
            self.images = ['cat_12_test/' + image for image in images]
            self.labels = None

    def __getitem__(self, idx):
        image = Image.open(osp.join(self.root, self.images[idx]))
        if image.mode != 'RGB':
            image = image.convert('RGB')
        if self.transform is not None:
            image = self.transform(image)

        if self.mode == 'test':
            return image,
        else:
            label = self.labels[idx]
            return image, label

    def __len__(self):
        return len(self.images)

# 定义变换函数:规范图像大小,并转换为张量形式
transform = Compose([
    Resize([224, 224]),
    ToTensor()
])

train_ds = CatDataset('./data', 'train_', transform)
valid_ds = CatDataset('./data', 'valid_', transform)
train_dl = DataLoader(train_ds, batch_size = 64, shuffle = True)
valid_dl = DataLoader(valid_ds, batch_size = 64, shuffle = False)
```

步骤 2：预训练模型加载

paddle.vision 是飞桨在视觉领域的高层 API，内部封装了常用的数据集以及常用预训练模型，如 LeNet、VGG 系列、ResNet 系列及 MobileNet 系列等。本实验使用 resnet34 为例，演示如何进行图像分类的微调。准备好数据集之后，加载预训练模型，调用 net = resnet34(pretrained=True)，设置参数 pretrained 为 True，便可使用预训练好的参数，否则，需要从头开始训练参数(首次加载预训练参数时需要从相关专业网络中下载)：

```
# 加载预训练模型,并设置类别数目为 12(猫的 12 分类)
net = resnet34(pretrained = True, num_classes = 12)
```

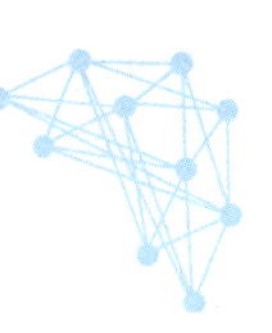

步骤 3：模型微调

加载好预训练的模型之后，定义模型的优化器、评价指标等，输入领域数据，执行微调：

```
# 定义优化器
optimizer = Adam(
  parameters = net.parameters(),
  learning_rate = 1e - 5
)
# 定义损失函数
loss_fn = nn.CrossEntropyLoss()
# 定义准确率评价指标
metric_fn = Accuracy()

# 微调 20 轮
for epoch in range(20):
  net.train()                                              # 开启训练模式
  for data, label in train_dl:
    logit = net(data)                                      # 前向计算
    loss = loss_fn(logit, label.astype('int64'))           # 计算损失
    optimizer.clear_grad()                                 # 清空上批梯度
    loss.backward()                                        # 梯度反向传播
    optimizer.step()

  # 每训练一轮进行一次验证
  net.eval()
  loss_tr = 0.
  for data, label in train_dl:
    logit = net(data)
    label = label.astype('int64')
    loss_tr += loss_fn(logit, label).cpu().numpy()[0]
  loss_tr / = len(train_dl)

  loss_va = 0.
  for data, label in valid_dl:
    label = label.astype('int64')
    logit = net(data)
    loss_va += loss_fn(logit, label).cpu().numpy()[0]
    metric_fn.update(
      metric_fn.compute(logit, label)
    )

  loss_va / = len(valid_dl)
  acc_va = metric_fn.accumulate()
  metric_fn.reset()
  t = time.time() - t0
  print('[Epoch {:3d} {:.2f}s] train loss({:.4f}); valid loss({:.4f}), acc({:.2f})'
      .format(epoch, t, loss_tr, loss_va, acc_va))
#训练过程部分输出如图 7-12 所示
```

```
[Epoch   0 24.94s] train loss(1.7823); valid loss(1.8826), acc(0.39)
[Epoch   1 31.46s] train loss(0.7405); valid loss(0.9915), acc(0.72)
[Epoch   2 25.87s] train loss(0.3746); valid loss(0.6543), acc(0.82)
[Epoch   3 24.78s] train loss(0.2280); valid loss(0.5161), acc(0.86)
[Epoch   4 25.81s] train loss(0.1537); valid loss(0.4525), acc(0.86)
[Epoch   5 25.73s] train loss(0.1078); valid loss(0.4082), acc(0.88)
[Epoch   6 24.51s] train loss(0.0788); valid loss(0.3856), acc(0.88)
[Epoch   7 24.91s] train loss(0.0593); valid loss(0.3619), acc(0.88)
```

图 7-12　训练过程部分输出

步骤 4：模型预测

```
test_ds = CatDataset('./data', mode='test', transform=transform)
test_dl = DataLoader(test_ds, batch_size=32, shuffle=False)
test_pred = []
with paddle.no_grad():
  for data, in test_dl:
    logit = net(data)
    pred = paddle.argmax(
      F.softmax(logit, axis=-1),
      axis=-1
    )
    test_pred.append(pred.cpu().numpy())
test_pred = np.concatenate(test_pred, axis=0)

for image, pred in zip(test_ds.images, test_pred.astype(np.int)):
  img = mpimg.imread('data/' + image)
  plt.figure(figsize=(10,10))
  plt.imshow(img)
  plt.show()
print('%s, %d\n' % (image.split('/')[1], pred))
# 预测结果部分输出如图 7-13 所示
```

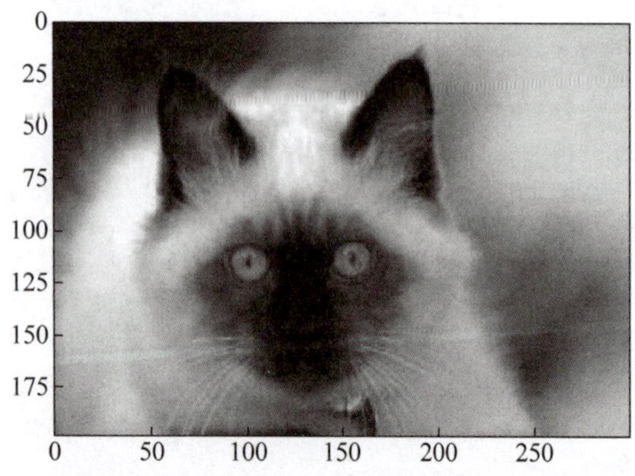

图片路径：1ry0uScsWatxqJ8zAnkVD9j3QRUiZC7h.jpg，图片预测类型：0

图片路径：ENWKYxGdP5j0rv8UHiVAqkTgf0Ml4Xyn.jpg，图片预测类型：10

图 7-13　模型预测结果展示

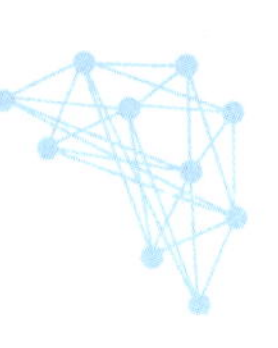

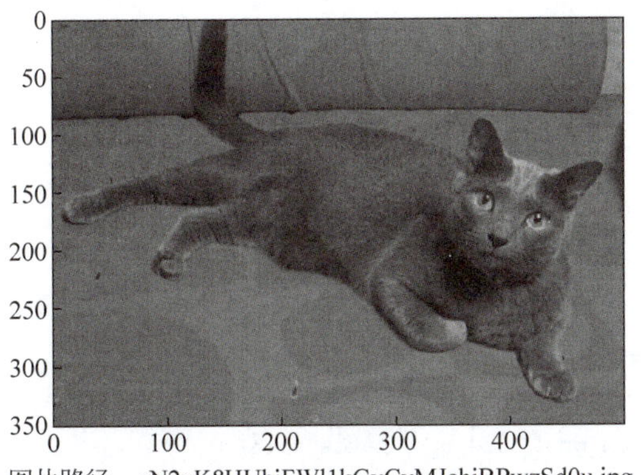

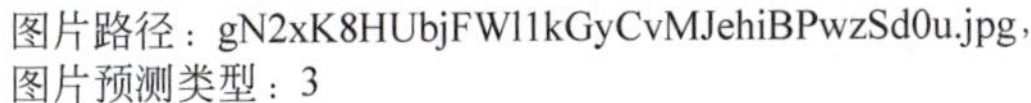
图片路径：gN2xK8HUbjFWl1kGyCvMJehiBPwzSd0u.jpg，图片预测类型：3

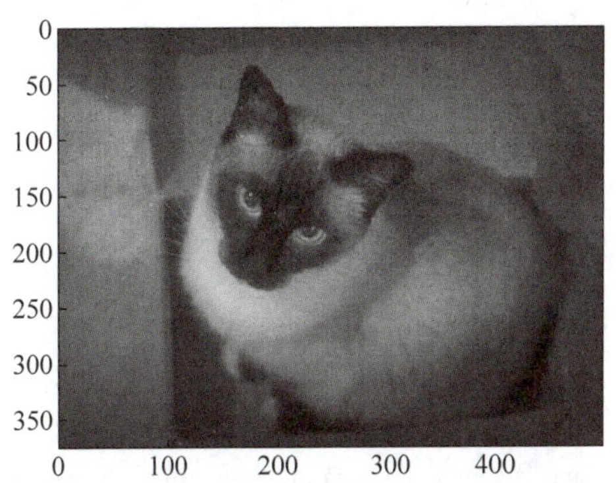

图片路径：HaGSINmA92jMbKRQqgh0dL1ofxcD4tU8.jpg，图片预测类型：7

图 7-13 （续）

实践二十九：文本审核

网络世界，内容参差不齐。优质内容是"流量天使"，背后的商业价值不言而喻，而劣质甚至违规内容一旦触碰法律红线，对社会和平台本身都是威胁。要想守护内容平台的一片清净，内容审核不可或缺。

色情检测模型可自动判别文本是否涉黄并给出相应的置信度，对文本中的色情描述、低俗交友、污秽文案进行识别。

PaddleHub 提供了使用多种网络结构进行的色情文本检测预训练模块，比如，porn_detection_lstm 采用 LSTM 网络结构并按字粒度切词进行色情文本检测，该模型最大句子长度为 256 字，但是仅仅支持预测，无法微调，相似功能的模型还有 porn_detection_gru 及 porn_detection_cnn，分别使用 GRU、CNN 模型框架进行色情检测。

本实验的目的是简单地演示如何使用 PaddleHub 工具，实现文本审核(仅推理过程，暂不支持微调)，实验平台为百度 AI Studio，实验环境为 Python 3.7，Paddle2.0，PaddleHub2.0。

步骤 1：定义文本审核接口函数

```
# 导入相关包
import json
import six
import paddlehub as hub

# 色情文本审核函数
# test_text:待检测文本列表
# module_name:使用的检测模型
def porn_detection(test_text, module_name, use_gpu, batch_size):
  porn_detection_lstm = hub.Module(name = module_name)
```

```
    input_dict = {"text": test_text}
    results = porn_detection_lstm.detection(data = input_dict, use_gpu = use_gpu, batch_size =
                                            batch_size)
    return results
```

步骤 2：使用不同的模型进行审核

```
# 使用 LSTM 模型
lstm = porn_detection(test_text, 'porn_detection_lstm', use_gpu,batch_size)
# 使用 GRU 模型
gru = porn_detection(test_text, 'porn_detection_gru', use_gpu, batch_size)
# 使用 CNN 模型
cnn = porn_detection(test_text, 'porn_detection_cnn', use_gpu, batch_size)
```

步骤 3：输出审核结果

```
# 定义格式化输出函数
def output_dict(dic,pre = 'LSTM'):
  print('------\nPorn detection with {}'.format(pre))
  for line in dic:
    for k,v in line.items():
      print('{:20s}: {}'.format(k,v))

# 分别格式化输出三种审核结果
output_dict(lstm)
output_dict(gru,'GRU')
output_dict(cnn,'CNN')
# 输出结果如图 7-14 所示

# 求三种审核结果的平均结果作为输出
for index, text in enumerate(test_text):
  lstm[index]["text"] = text
  print("文本内容:",text)
  label = (lstm[index]["porn_detection_label"] +
           gru[index]["porn_detection_label"] +
           cnn[index]["porn_detection_label"])
    porn_probs = (lstm[index]["porn_probs"] +
                  gru[index]["porn_probs"] +
                  cnn[index]["porn_probs"])/3
  not_porn_probs = (lstm[index]["not_porn_probs"] +
                    gru[index]["not_porn_probs"] +
                    cnn[index]["not_porn_probs"])/3
    print('label: %0.0f, porn_probs: %0.5f, not_porn_probs: %0.5f' % (label,
                                                          porn_probs, not_porn_probs))
# 输出结果如图 7-15 所示
```

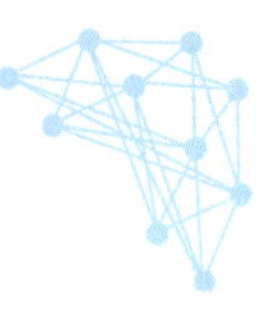

```
------
Porn detection with LSTM
text                 : 打击色情犯罪，是每一个人的责任
porn_detection_label: 1
porn_detection_key  : porn
porn_probs          : 0.8623
not_porn_probs      : 0.1377
text                : 引导未成年人远离黄赌毒
porn_detection_label: 0
porn_detection_key  : not_porn
porn_probs          : 0.0003
not_porn_probs      : 0.9997
------
Porn detection with GRU
text                : 打击色情犯罪，是每一个人的责任
porn_detection_label: 1
porn_detection_key  : porn
porn_probs          : 0.9106
not_porn_probs      : 0.0894
text                : 引导未成年人远离黄赌毒
porn_detection_label: 0
porn_detection_key  : not_porn
porn_probs          : 0.0002
not_porn_probs      : 0.9998
------
Porn detection with CNN
text                : 打击色情犯罪，是每一个人的责任
porn_detection_label: 1
porn_detection_key  : porn
porn_probs          : 0.7641
not_porn_probs      : 0.2359
text                : 引导未成年人远离黄赌毒
porn_detection_label: 0
porn_detection_key  : not_porn
porn_probs          : 0.0002
not_porn_probs      : 0.9998
```

图 7-14　三种模型审核结果输出

```
文本内容：打击色情犯罪，是每一个人的责任
label:3, porn_probs:0.84567, not_porn_probs:0.15433
文本内容：引导未成年人远离黄赌毒
label:0, porn_probs:0.00023, not_porn_probs:0.99977
```

图 7-15　三种模型平均结果输出

实践三十：文 本 生 成

在自然语言处理领域，文本生成任务是指根据给定的输入，自动生成对应的输出，典型的任务包含：机器翻译、智能问答等。文本生成任务在注意力机制提出之后取得了显著的效果，尤其是在 2018 年基于多头注意力机制的 Transformer(原理如图 7-16 所示)在机器翻译领域取得当时最优效果时，基于 Transformer 的文本生成任务也进入了新的繁荣时期。

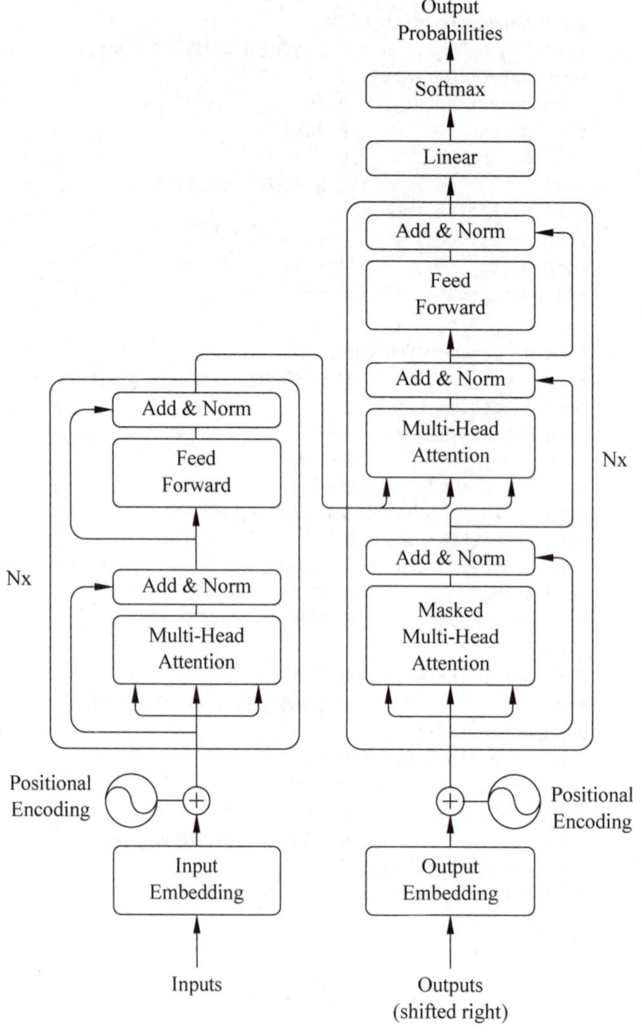

图 7-16　Transformer 模型结构

本实验的目的是演示如何使用经典的 Transformer 实现英-中机器翻译，实验平台为百度 AI Studio，实验环境为 Python 3.7，Paddle2.0。

步骤 1：数据加载及预处理

（1）数据集加载：本实验选用开源的小型英-中翻译 CMN 数据集，该数据集中包含样本总数 24 360 条，均为短文本，部分数据展示如图 7-17 所示。

He ran. 他跑了。 CC-BY 2.0 (France) Attribution: tatoeba.org #672229 (CK) & #5092389 (mirrorvan)
Hop in. 跳进来。 CC-BY 2.0 (France) Attribution: tatoeba.org #1111548 (Scott) & #5092444 (mirrorvan)
I quit. 我退出。 CC-BY 2.0 (France) Attribution: tatoeba.org #731636 (Eldad) & #5102253 (mirrorvan)
I quit. 我不干了。 CC-BY 2.0 (France) Attribution: tatoeba.org #731636 (Eldad) & #9569182 (MiracleQ)

图 7-17　数据集样本展示

不同于图像处理，在处理自然语言时，需要指定文本的长度，便于进行批量计算，因此，在数据预处理阶段，应该先统计数据集中文本的长度，然后指定一个恰当的值，进行统一处理。

```
# 导入相关包
import paddle
import paddle.nn as nn
import collections

from paddle.nn import Embedding, TransformerEncoderLayer,
                              TransformerEncoder, TransformerDecoderLayer,
                              TransformerDecoder, Linear,Dropout
import paddle.nn.functional as F
import re
import copy
from paddle import tensor
import numpy as np

# 统计数据集中句子的长度等信息
lines = open('data/data78721/cmn.txt','r',encoding = 'utf - 8').readlines()
print(len(lines))
datas = []
dic_en = {}
dic_cn = {}
for line in lines:
  ll = line.strip().split('\t')
  if len(ll)< 2:
    continue
  datas.append([ll[0].lower().split(' ')[1: - 1],list(ll[1])])
  if len(ll[0].split(' ')) not in dic_en:
    dic_en[len(ll[0].split(' '))] = 1
  else:
    dic_en[len(ll[0].split(' '))] += 1
  if len(ll[1]) not in dic_cn:
    dic_cn[len(ll[1])] = 1
  else:
    dic_cn[len(ll[1])] += 1

keys_en = list(dic_en.keys())
keys_en.sort()
count = 0

for k in keys_en:
  count += dic_en[k]

keys_cn = list(dic_cn.keys())
keys_cn.sort()
count = 0
for k in keys_cn:
```

```
count += dic_cn[k]

# 设置英文与中文的长度皆为10
en_length = 10
cn_length = 10
```

(2) 构建词表，对于中英文，需要分别构建词表，进行词向量学习，除此之外，还需要在每个词表中加入开始符号、结束符号以及填充符号：

```
# 构建中英文词表
en_vocab = {}
cn_vocab = {}

en_vocab['<pad>'], en_vocab['<bos>'], en_vocab['<eos>'] = 0, 1, 2
cn_vocab['<pad>'], cn_vocab['<bos>'], cn_vocab['<eos>'] = 0, 1, 2
en_idx, cn_idx = 3, 3
for en, cn in datas:
  # print(en,cn)
  for w in en:
    if w not in en_vocab:
      en_vocab[w] = en_idx
      en_idx += 1
  for w in cn:
    if w not in cn_vocab:
      cn_vocab[w] = cn_idx
      cn_idx += 1

print(len(list(en_vocab)))
print(len(list(cn_vocab)))
# 英文词表长度:6057
# 中文词表长度:3533(未分词,单字形式)
```

(3) 创建指定数据格式：需要将输入英文与输出的中文封装为指定格式，即为编码器端输入添加结束符号并填充至固定长度，为解码器端输入添加开始、结束符号并填充至固定长度，解码器端输出的正确答案应该只添加结束符号并且填充至固定长度：

```
padded_en_sents = []
padded_cn_sents = []
padded_cn_label_sents = []
for en, cn in datas:
  if len(en)> en_length:
    en = en[:en_length]
  if len(cn)> cn_length:
    cn = cn[:cn_length]
  # 编码器输入要为英文添加结束符,并且填充至固定长度
  padded_en_sent = en + ['<eos>'] + ['<pad>'] * (en_length - len(en))
  padded_en_sent.reverse()
  # 解码器端输入需要以开始符号作为第一个输入
  padded_cn_sent = ['<bos>'] + cn + ['<eos>'] + ['<pad>'] * (cn_length - len(cn))
  # 解码器输出端无需输出开始符号,自回归解码方式
```

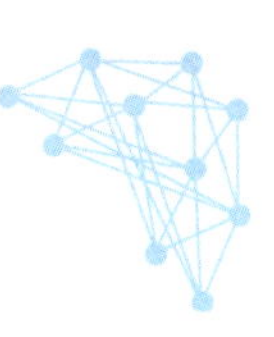

```
        padded_cn_label_sent = cn + ['<eos>'] + ['<pad>'] * (cn_length - len(cn) + 1)

        padded_en_sents.append(np.array([en_vocab[w] for w in padded_en_sent]))
        padded_cn_sents.append(np.array([cn_vocab[w] for w in padded_cn_sent]) )
        padded_cn_label_sents.append(np.array([cn_vocab[w] for w in padded_cn_label_sent]))

    train_en_sents = np.array(padded_en_sents)
    train_cn_sents = np.array(padded_cn_sents)
    train_cn_label_sents = np.array(padded_cn_label_sents)

    print(train_en_sents.shape)
    print(train_cn_sents.shape)
    print(train_cn_label_sents.shape)

    # 输出结果如图 7-18 所示
```

```
(24360, 11)
(24360, 12)
(24360, 12)
```

图 7-18　模型输入样本格式

步骤 2：模型配置

机器翻译模型包含编码器与解码器两部分，编码器编码源语言的特征，解码器编码目标语言的特征，对齐源语言，对于 Transformer，需要定义的超参数包括：编码器与解码器的层数、头数、中间层的维度、输入层的维度，以及源语言与目标语言的字典大小，需要根据具体数据的情况来指定。飞桨深度学习平台实现了 Transformer 的基本层，因此可以直接调用，TransformerEncoderLayer 类定义了编码器端的一个层，包括多头注意力子层及逐位前馈网络子层，TransformerEncoder 类接受 TransformerEncoderLayer 层，返回指定层数的编码器，TransformerDecoderLayer 类定义了解码器端的一个层，包括多头自注意力子层、多头交叉注意力子层及逐位前馈网络子层，TransformerDecoder 类接受 TransformerDecoderLayer 层，返回指定层数的解码器。为了便于理解，下面分别介绍飞桨中，上述四个类的相关情况：

（1）paddle.nn.TransformerEncoderLayer(d_model, nhead, dim_feedforward, dropout=0.1, activation='relu', attn_dropout=None, act_dropout=None, normalize_before=False, weight_attr=None, bias_attr=None)：Transformer 编码器层由两个子层组成：多头自注意力机制和前馈神经网络。如果 normalize_before 为 True，则对每个子层的输入进行层标准化(Layer Normalization)，对每个子层的输出进行 dropout 和残差连接(residual connection)，否则(即 normalize_before 为 False)，则对每个子层的输入不进行处理，只对每个子层的输出进行 dropout、残差连接(residual connection)和层标准化(Layer Normalization)，实例化该类必须指定模型输入的维度 d_model，多头注意力层的头数 nhead，前馈神经网络的维度 dim_feedforward。

（2）paddle.nn.TransformerEncoder(encoder_layer, num_layers, norm=None)：Transformer 编码器由多个 Transformer 编码器层(TransformerEncoderLayer)叠加组成的，因此在实例化该类时必须指定具体层，并且指定使用多少层。

（3）paddle.nn.TransformerDecoderLayer(d_model, nhead, dim_feedforward, dropout=0.1, activation='relu', attn_dropout=None, act_dropout=None, normalize_before=False, weight_attr=None, bias_attr=None)：Transformer 解码器层由三个子层

组成：多头自注意力机制、编码-解码交叉注意力机制(encoder-decoder cross attention)和前馈神经网络。如果 normalize_before 为 True，则对每个子层的输入进行层标准化(Layer Normalization)，对每个子层的输出进行 dropout 和残差连接(residual connection)，否则(即 normalize_before 为 False)，则对每个子层的输入不进行处理，只对每个子层的输出进行 dropout、残差连接(residual connection)和层标准化(Layer Normalization)，必须指定的参数同 TransformerEncoderLayer。

(4) paddle.nn.TransformerDecoder(decoder_layer, num_layers, norm=None)：Transformer 解码器由多个 Transformer 解码器层(TransformerDecoderLayer)叠加组成的，必须指定 TransformerDecoderLayer 实例与层数。

基于 Transformer 的神经机器翻译模型实现如下：

```
# 定义网络超参数
embedding_size = 512
hidden_size = 512
num_encoder_lstm_layers = 1
en_vocab_size = len(list(en_vocab))
cn_vocab_size = len(list(cn_vocab))
epochs = 20
batch_size = 32

# 定义编码器
class Encoder(paddle.nn.Layer):
  def __init__(self, en_vocab_size, embedding_size, num_layers=6, head_number=8, middle_
               units=512):
    super(Encoder, self).__init__()
    # 源语言词表示
    self.emb = Embedding(en_vocab_size, embedding_size)
    encoder_layer = TransformerEncoderLayer(embedding_size, head_number, middle_units)
    self.encoder = TransformerEncoder(encoder_layer, num_layers)

  def forward(self, x):
    x = self.emb(x)
    en_out = self.encoder(x)
    return en_out

# 定义解码器
class Decoder(paddle.nn.Layer):
  def __init__(self, cn_vocab_size, embedding_size, num_layers=6, head_number=8, middle_
               units=512):
    super(Decoder, self).__init__()
    # 目标语言词表示
    self.emb = Embedding(cn_vocab_size, embedding_size)
    decoder_layer = TransformerDecoderLayer(embedding_size, head_number, middle_units)
    self.decoder = TransformerDecoder(decoder_layer, num_layers)
    # 线性映射，将解码器端的输出映射到目标语言的单词上
    self.outlinear = paddle.nn.Linear(embedding_size, cn_vocab_size)
```

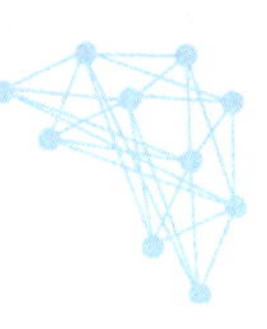

```
    def forward(self, x, encoder_outputs):
        x = self.emb(x)
        de_out = self.decoder(x, encoder_outputs)
        output = self.outlinear(de_out)
        output = paddle.squeeze(output)
        return output
```

步骤 3：模型训练

模型训练依旧包含：模型实例化、优化器定义、损失函数定义等几个部分，机器翻译的解码过程与编码过程略微有一点差异，即，在编码器中，批大小即为定义的 batch_size，也就是样本数，但是解码器端的批大小，为解码器端的句子最大长度，因为在生成任务中，需要一步一步生成单词，也就是说每一步只能解码一个单词，解码好一个单词后，需要将本步解码出的单词输入到下一步中进行下一步的解码，这里是需要格外注意的：

```
# 实例化编码器、解码器
encoder = Encoder(en_vocab_size, embedding_size)
decoder = Decoder(cn_vocab_size, embedding_size)
# 优化器:同时优化编码器与解码器的参数
opt = paddle.optimizer.Adam(learning_rate=0.00001,
                 parameters=encoder.parameters() + decoder.parameters())
# 开始训练
for epoch in range(epochs):
  print("epoch:{}".format(epoch))

  # 打乱训练数据顺序
  perm = np.random.permutation(len(train_en_sents))
  train_en_sents_shuffled = train_en_sents[perm]
  train_cn_sents_shuffled = train_cn_sents[perm]
    train_cn_label_sents_shuffled = train_cn_label_sents[perm]

    # 批量数据迭代
  for iteration in range(train_en_sents_shuffled.shape[0] // batch_size):
    x_data = train_en_sents_shuffled[(batch_size * iteration): (batch_size * (iteration+1))]
    sent = paddle.to_tensor(x_data)
    # 编码器处理英文句子
    en_repr = encoder(sent)
    # 解码器端原始输入
    x_cn_data = train_cn_sents_shuffled[(batch_size * iteration): (batch_size * (iteration+1))]
    # 解码器端输出的标准答案,用于计算损失
        x_cn_label_data = train_cn_label_sents_shuffled[(batch_size * iteration):(batch_
                          size * (iteration+1))]

    loss = paddle.zeros([1])
    # 逐步解码,每步解码一个词
    for i in range(cn_length + 2):
      cn_word = paddle.to_tensor(x_cn_data[:,i:i+1])
      cn_word_label = paddle.to_tensor(x_cn_label_data[:,i])
```

```
        # 解码器解码
        logits = decoder(cn_word, en_repr)
        # 计算解码损失,交叉熵损失,解码的词是否正确
        step_loss = F.cross_entropy(logits, cn_word_label)
        loss += step_loss
      # 计算平均损失
      loss = loss / (cn_length + 2)
      if(iteration % 50 == 0):
        print("iter {}, loss:{}".format(iteration, loss.numpy()))
      loss.backward()
      opt.step()
      opt.clear_grad()
# 输出结果部分内容如图 7-19 所示
```

```
epoch:0
iter 0, loss:[8.359558]
iter 50, loss:[6.6431913]
iter 100, loss:[5.613313]
iter 150, loss:[5.3523498]
iter 200, loss:[5.0697136]
iter 250, loss:[5.2516413]
iter 300, loss:[4.8820877]
iter 350, loss:[5.020339]
iter 400, loss:[4.6380825]
iter 450, loss:[4.937914]
iter 500, loss:[4.5123353]
```

图 7-19 训练过程部分输出

步骤 4：模型预测

抽取一定数量的数据，输出其翻译结果：

```
# 开启模型验证模式
encoder.eval()
decoder.eval()

# 从训练集中随机抽取 10 个样本
num_of_exampels_to_evaluate = 10
indices = np.random.choice(len(train_en_sents), num_of_exampels_to_evaluate, replace=False)

x_data = train_en_sents[indices]
sent = paddle.to_tensor(x_data)
# 编码器抽取特征
en_repr = encoder(sent)
word = np.array(
  [[cn_vocab['<bos>']]] * num_of_exampels_to_evaluate
)
word = paddle.to_tensor(word)
```

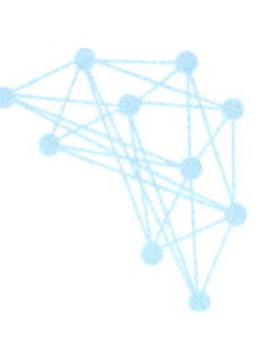

```
# 逐步解码
decoded_sent = []
for i in range(cn_length + 2):
    logits = decoder(word, en_repr)
    word = paddle.argmax(logits, axis = 1)
    decoded_sent.append(word.numpy())
    word = paddle.unsqueeze(word, axis = -1)

results = np.stack(decoded_sent, axis = 1)
for i in range(num_of_exampels_to_evaluate):
    print('---------------------')
    en_input = " ".join(datas[indices[i]][0])
    ground_truth_translate = "".join(datas[indices[i]][1])
    model_translate = ""
    for k in results[i]:
        w = list(cn_vocab)[k]
        if w != '<pad>' and w != '<eos>':
            model_translate += w
    print(en_input)
    print("true: {}".format(ground_truth_translate))
        print("pred: {}".format(model_translate))
# 部分输出结果如图 7-20 所示
```

```
---------------------
do you have children?
true: 你有孩子吗?
pred: 你有什么?
---------------------
i opened the window.
true: 我开了点窗户。
pred: 我打开了窗户。
```

图 7-20　预测结果部分输出

实践三十一：文本分类 Fine-Tuning

2018 年，基于 Transformer 的预训练语言模型 BERT 的出现，将自然语言的各项任务的性能都推向了一个新的高度。BERT（Bidirectional Encoder Representations from Transformers）使用双向的 Transformer 编码器，通过掩码语言模型（Mask Language Model，MLM）与下一句预测（Next Sentence Prediction，NSP）两个子任务，在超大规模文本数据上实现了自监督预训练。

BERT 的框架如图 7-21 所示，在预训练 MLM 任务时，被遮蔽的单词可以感知到该词前后的所有单词，因此称为双向编码器，也是一种自编码的方式，而在预训练 NSP 任务时，通过拼接句子对作为输入，添加句首符号，并将句首符号作为分类特征，若两句子属于顺序关系（isNext），则分类为 1，否则分类为 0。

如何将 BERT 预训练的参数用于下游任务呢？使用预训练-微调框架（如图 7-22 所示）！所谓预训练-微调框架，就是在大规模无监督（或自监督）数据上训练模型，学习到数据的通用知识，然后将这些知识迁移到小规模数据集任务上，也就是在预训练模型的基础上，再利用领域小数据集进行参数的微调，获得适用于该任务的高精度模型。

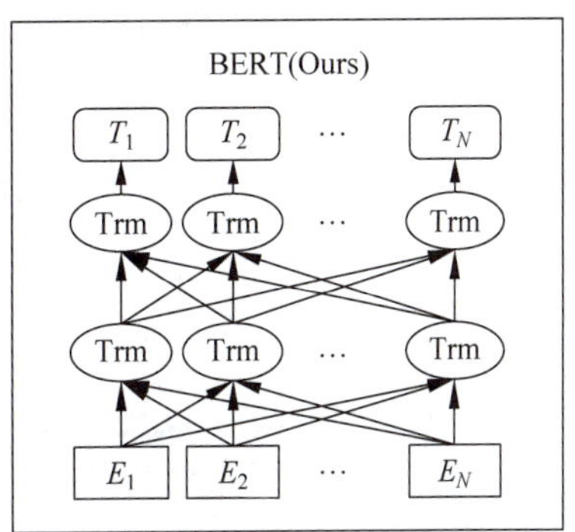

图 7-21　BERT 模型框架

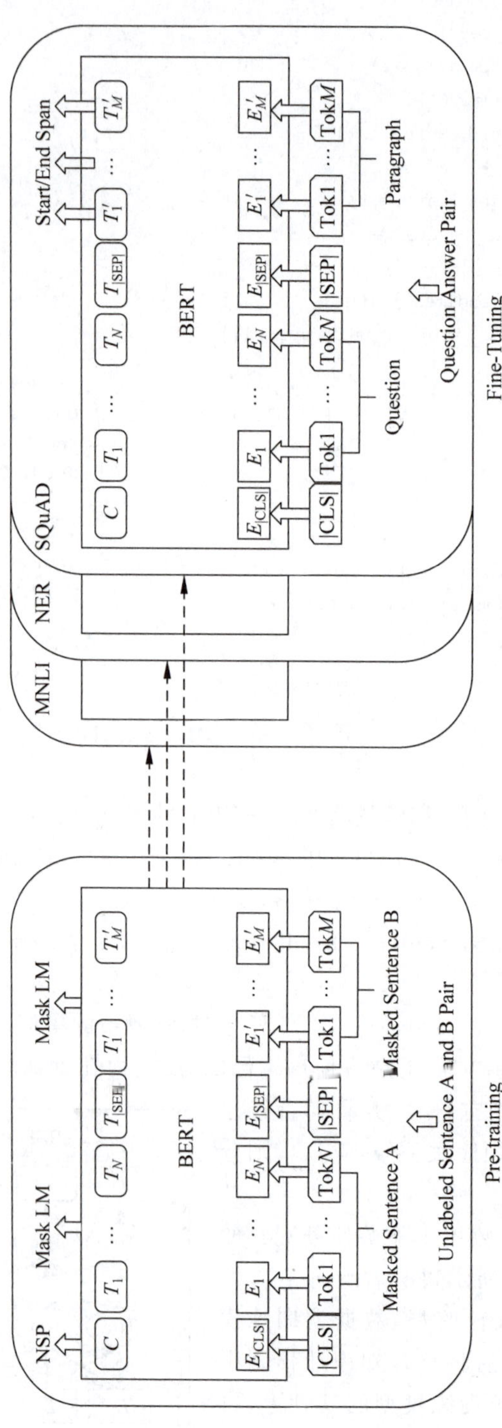

图 7-22　**BERT** 预训练（左）与微调（右）框架

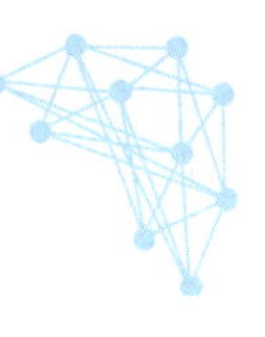

实际上，如图 7-23 所示，将下游任务按照固定的输入格式处理后，直接在 BERT 的输出上进行处理即可，对于分类任务（包括单文本分类与文本对分类任务），只需取输出层[CLS]的表示作为最终的分类特征，然后输入到全连接分类器中即可完成分类；对于命名实体识别等需要对整个句子的 tokens 进行逐一操作的任务，可以取 BERT 的全部输出作为特征表示，输入到最后的分类器中即可；对于生成式任务，可将 BERT 作为编码器端使用，然后为其配置简单的解码器进行解码。

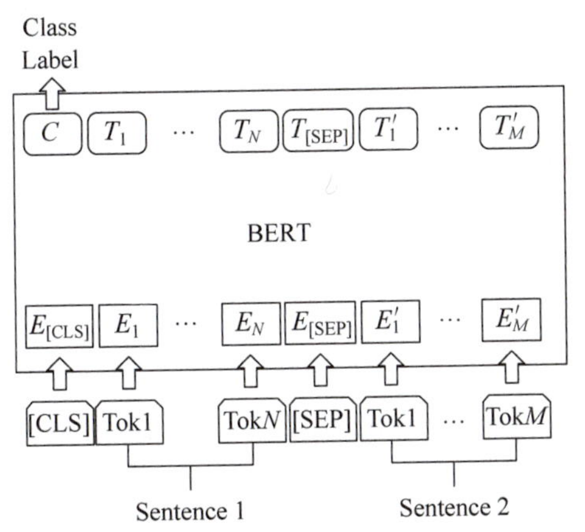

(a) Sentence Pair Classification Tasks: MNLI, QQP, QNLI, STS-B, MRPC, RTE, SWAG

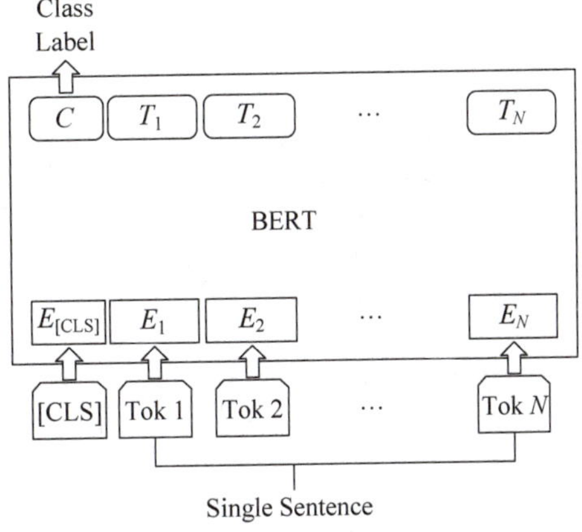

(b) Single Sentence Classification Tasks: SST-2, CoLA

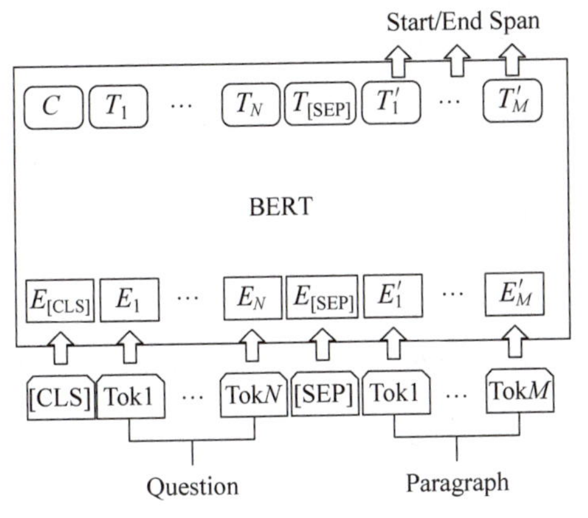

(c) Question Answering Tasks: SQuAD v1.1

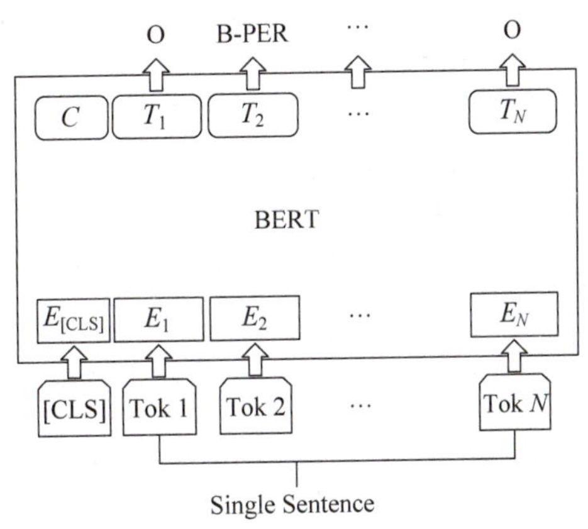

(d) Single Sentence Tagging Tasks: CoNLL-2003 NER

图 7-23　BERT 在不同下游任务进行微调时的框架

本小节将使用 BERT 预训练-微调框架，实现短文本情绪分类。所谓短文本情绪分类，即给定文本，判断出文本的情感极性，比如："飞桨真是太好用了"，通过判断，我们知道这条文本包含正面的情绪，因此应该将其标注为 1，即正面情绪。

本次实验平台为百度 AI Studio，实验环境为 Python 3.7，Paddle2.0，PaddleNLP2.0，实验步骤如下：

步骤 1：数据加载及预处理

本实验采用的数据集为公开中文情感分析数据集 ChnSenticorp。该数据集在 paddlenlp 已经有封装，因此，可以直接使用 paddlenlp. datasets. ChnSentiCorp. get_datasets()方法加载该数据集。

(1) 加载数据集：

```
# 导入相关包
import paddle
import paddlenlp as ppnlp
from paddlenlp.data import Stack, Pad, Tuple
import paddle.nn.functional as F
import numpy as np
# partial()函数可以用来固定某些参数值,并返回一个新的 callable 对象
from functools import partial

# 加载训练、验证、测试集
train_ds, dev_ds, test_ds = ppnlp.datasets.ChnSentiCorp.get_datasets(['train','dev','test'])

# 获得标签列表
label_list = train_ds.get_labels()

# 分别打印训练集、验证集、测试集的前 3 条数据
print("训练集数据:{}\n".format(train_ds[0:1]))
print("验证集数据:{}\n".format(dev_ds[0:1]))
print("测试集数据:{}\n".format(test_ds[0:1]))

print("训练集样本个数:{}".format(len(train_ds)))
print("验证集样本个数:{}".format(len(dev_ds)))
print("测试集样本个数:{}".format(len(test_ds)))
# 输出结果如图 7-24 所示
```

```
训练集数据: [['选择珠江花园的原因就是方便, 有电动扶梯直接到达海边, 周围餐馆、食廊、商场、超市、摊位一应俱全。酒店装修一般, 但还算整洁。 泳池在大堂的屋顶, 因此很小, 不过女儿倒是喜欢。 包的早餐是西式的, 还算丰富。 服务吗, 一般', '1']]

验证集数据:[['這間酒店環境和服務態度亦算不錯,但房間空間太小~~不宣容納太大件行李~~且房間格調還可以~~ 中餐廳的廣東點心不太好吃~~要改善之~~~~但算價錢平宜~~可接受~~ 西餐廳格調都很好~~但吃的味道一般且令人等得太耐了~~要改善之~~', '1']]

测试集数据:[['这个宾馆比较陈旧了, 特价的房间也很一般。总体来说一般', '1']]

训练集样本个数:9600
验证集样本个数:1200
测试集样本个数:1200
```

图 7-24 数据集样本格式及样本划分

(2) 数据预处理：使用 BERT 进行微调时，需要将输入处理为 BERT 要求的格式，BERT 中文使用单字输入表示，因此定义一个 BertTokenizer 实现文本的切分，然后定义 convert_example()函数将文本输入处理为三部分：词 id 输入(input_ids)，片段输入(token_type_ids，区分单词来自句子 1 还是句子 2)以及位置输入(在模型内部直接添加)，如图 7-25 所示。

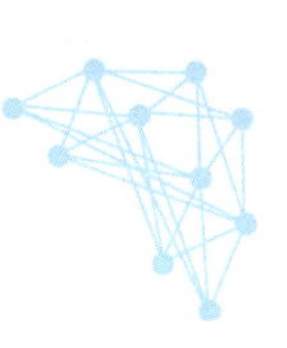

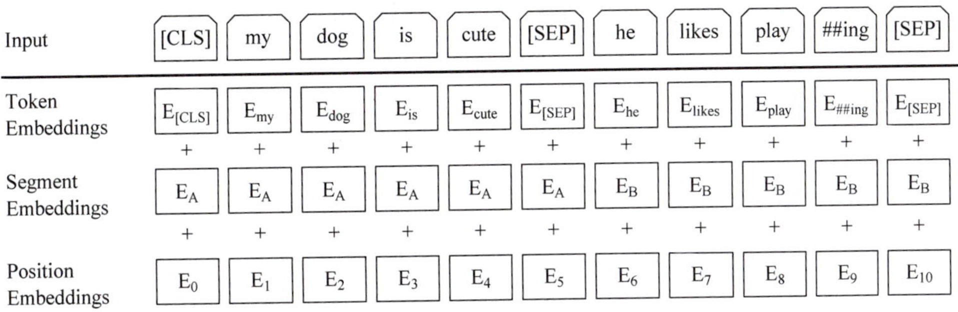

图 7-25　BERT 输入表示

```
# 调用 ppnlp.transformers.BertTokenizer 进行数据处理
# tokenizer 可以把原始输入文本转化成模型 model 可接受的输入数据格式
tokenizer = ppnlp.transformers.BertTokenizer.from_pretrained("bert-base-chinese")

# 数据转换
def convert_example(example, tokenizer, label_list, max_seq_length=256, is_test=False):
  if is_test:
    text = example
  else:
    text, label = example
    # tokenizer.encode 方法能够完成切分 token
    # 映射 token ID 以及拼接特殊 token
  encoded_inputs = tokenizer.encode(text=text, max_seq_len=max_seq_length)
  # 对应后的 word embeddings
    input_ids = encoded_inputs["input_ids"]
    # 对应后续的 segment embeddings
  segment_ids = encoded_inputs["token_type_ids"]

  if not is_test:
    label_map = {}
    # 标签映射
    for (i, l) in enumerate(label_list):
      label_map[l] = i

    label = label_map[label]
    label = np.array([label], dtype="int64")
    return input_ids, segment_ids, label
  else:
    return input_ids, segment_ids
```

(3) 构造数据迭代器：定义一个 create_dataloade()函数，将数据集进行封装，便于模型训练时批量迭代，该方法需要的参数如下：

①dataset：数据集；②trans_fn：函数，对文本样本转化为要求的输入格式，对应上面步骤中的 convert_example()函数；③mode：训练模式或测试模式，标识数据集是否包含标签；④use_gpu：是否将数据集加载到 GPU 上；⑤pad_token_id：padding 符号对应的下标；⑥batchify_fn：对批量数据的转换函数。

数据迭代器构建好后，分别对训练、验证、测试数据集进行封装，代码如下：

```
# 数据迭代器构造方法
def create_dataloader(dataset, trans_fn = None, mode = 'train', batch_size = 1, use_gpu = False,
                      pad_token_id = 0, batchify_fn = None):
  if trans_fn:
    dataset = dataset.apply(trans_fn, lazy = True)
  if mode == 'train' and use_gpu:
    sampler = paddle.io.DistributedBatchSampler(dataset = dataset, batch_size = batch_size,
              shuffle = True)
  else:
    shuffle = True if mode == 'train' else False
    # 生成一个取样器
    sampler = paddle.io.BatchSampler(dataset = dataset, batch_size = batch_size, shuffle =
              shuffle)
  dataloader = paddle.io.DataLoader(dataset, batch_sampler = sampler, return_list = True,
               collate_fn = batchify_fn)
  return dataloader

# 使用 partial()来固定 convert_example 函数的 tokenizer, label_list,
# max_seq_length, is_test 等参数值
trans_fn = partial(convert_example,
                   tokenizer = tokenizer,
                   label_list = label_list,
                   max_seq_length = 128,
                   is_test = False)

  # batchify_fn 操作为一个 lambda 表达式，表示对参数 sample 执行函数 fn
 # fn 为一个 paddle 封装元祖，分别对 input_ids、segment_ids、label 操作
 # input_ids:填 0 扩展到指定长度
 # segment_ids:填 0 扩展到指定长度
 # label:使用整型数组
  batchify_fn = lambda samples, fn = Tuple(
                        Pad(axis = 0,pad_val = tokenizer.pad_token_id),
                        Pad(axis = 0, pad_val = tokenizer.pad_token_id),
                        Stack(dtype = "int64")):
                  [data for data in fn(samples)]
  # 训练集迭代器
train_loader = create_dataloader(train_ds, mode = 'train', batch_size = 64, batchify_fn =
               batchify_fn, trans_fn = trans_fn)

  # 验证集迭代器
  dev_loader = create_dataloader(dev_ds, mode = 'dev', batch_size = 64, batchify_fn =
               batchify_fn, trans_fn = trans_fn)

  # 测试集迭代器
  test_loader = create_dataloader(test_ds, mode = 'test', batch_size = 64, batchify_fn =
                batchify_fn, trans_fn = trans_fn)
```

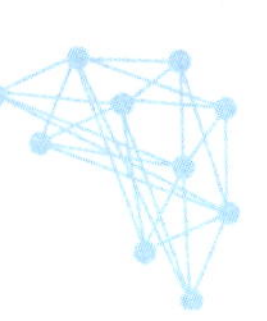

步骤 2：预训练模型加载

加载预训练好的 BERT 模型用于短文本情感分类，在 paddlenlp 中，使用 paddlenlp. transformers. BertForSequenceClassification 类，指定参数文件名称：bert-base-chinese，表示预训练的中文的 BERT base 模型，加载预训练好的参数（首次执行时会从网络中先下载该参数）：

```
# 由于本任务中的情感分类是二分类问题，设定 num_classes 为 2
model = ppnlp.transformers.BertForSequenceClassification.from_pretrained(
                                    "bert - base - chinese",
                                    num_classes = 2)
# 模型加载过程如图 7-26 所示
```

```
[2021-06-05 10:38:37,618] [    INFO] - Downloading http://paddlenlp.bj.bcebos.com/models/transformers/bert/bert-base-chinese.pdparams and saved to /home/aistudio/.paddlenlp/models/bert-base-chinese
[2021-06-05 10:38:37,621] [    INFO] - Downloading bert-base-chinese.pdparams from http://paddlenlp.bj.bcebos.com/models/transformers/bert/bert-base-chinese.pdparams
100%|██████████| 696494/696494 [00:14<00:00, 49389.70it/s]
```

图 7-26　模型参数下载

步骤 3：模型训练

开始输入数据，微调模型：

```
# 设置训练超参数
# 学习率
learning_rate = 1e-5
# 训练轮次
epochs = 8
# 学习率预热比率
warmup_proption = 0.1
# 权重衰减系数
weight_decay = 0.01

num_training_steps = len(train_loader) * epochs
num_warmup_steps = int(warmup_proption * num_training_steps)

def get_lr_factor(current_step):
  if current_step < num_warmup_steps:
    return float(current_step) / float(max(1, num_warmup_steps))
  else:
    return max(0.0,
          float(num_training_steps - current_step) /
          float(max(1, num_training_steps - num_warmup_steps)))
# 学习率调度器
lr_scheduler = paddle.optimizer.lr.LambdaDecay(learning_rate, lr_lambda = lambda current_step: get_lr_factor(current_step))

# 优化器
```

```
optimizer = paddle.optimizer.AdamW(
  learning_rate = lr_scheduler,
  parameters = model.parameters(),
  weight_decay = weight_decay,
  apply_decay_param_fun = lambda x: x in [
    p.name for n, p in model.named_parameters()
    if not any(nd in n for nd in ["bias", "norm"])
  ])

# 损失函数
criterion = paddle.nn.loss.CrossEntropyLoss()
# 评估函数
metric = paddle.metric.Accuracy()

# 定义一个验证评估函数,每一轮验证一次模型的性能
def evaluate(model, criterion, metric, data_loader):
  model.eval()
  metric.reset()
  losses = []
  for batch in data_loader:
    input_ids, segment_ids, labels = batch
    logits = model(input_ids, segment_ids)
    loss = criterion(logits, labels)
    losses.append(loss.numpy())
    correct = metric.compute(logits, labels)
    metric.update(correct)
    accu = metric.accumulate()
  print("eval loss: %.5f, accu: %.5f" % (np.mean(losses), accu))
  model.train()
    metric.reset()

# 开始训练
global_step = 0
for epoch in range(1, epochs + 1):
  for step, batch in enumerate(train_loader): # 从训练数据迭代器中取数据
    # print(batch)
    input_ids, segment_ids, labels = batch
    logits = model(input_ids, segment_ids)
    loss = criterion(logits, labels)          # 计算损失
    probs = F.softmax(logits, axis=1)
    correct = metric.compute(probs, labels)
    metric.update(correct)
    acc = metric.accumulate()

    global_step += 1
    if global_step % 50 == 0 :
      print("global step %d, epoch: %d, batch: %d, loss: %.5f, acc: %.5f" % (global_
            step, epoch, step, loss, acc))
    loss.backward()
    optimizer.step()
```

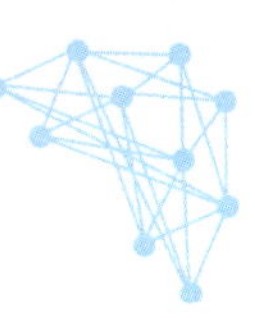

```
lr_scheduler.step()
optimizer.clear_gradients()
evaluate(model, criterion, metric, dev_loader)
# 训练过程部分输出如图 7-27 所示
```

```
global step 50, epoch: 1, batch: 49, loss: 0.59685, acc: 0.54844
global step 100, epoch: 1, batch: 99, loss: 0.37378, acc: 0.70750
global step 150, epoch: 1, batch: 149, loss: 0.15645, acc: 0.77333
eval loss: 0.23406, accu: 0.91083
```

图 7-27　训练过程部分输出

步骤 4：模型预测

定义一个预测函数，使用微调好的模型，对给定的输入样本判断其情感极性，对任意给定的文本数据，首先转化其为模型要求的数据格式，然后再输入模型进行判断：

```
def predict(model, data, tokenizer, label_map, batch_size = 1):
  examples = []
    for text in data:
      # 样本输入形式转化
    input_ids, segment_ids = convert_example(text, tokenizer,
                                label_list = label_map.values(),
                                    max_seq_length = 128, is_test = True)
    examples.append((input_ids, segment_ids))
  # 批量样本处理
    batchify_fn = lambda samples, fn = Tuple(
                               Pad(axis = 0, pad_val = tokenizer.pad_token_id),
                              Pad(axis = 0,pad_val = tokenizer.pad_token_id)
                              ) : fn(samples)
  batches = []
    one_batch = []

  for example in examples:
    one_batch.append(example)
    if len(one_batch) == batch_size:
      batches.append(one_batch)
      one_batch = []

  if one_batch:
    batches.append(one_batch)

  results = []
    model.eval()
    # 批量预测
  for batch in batches:
    input_ids, segment_ids = batchify_fn(batch)
    input_ids = paddle.to_tensor(input_ids)
    segment_ids = paddle.to_tensor(segment_ids)
    logits = model(input_ids, segment_ids)
```

```
probs = F.softmax(logits, axis=1)
idx = paddle.argmax(probs, axis=1).numpy()
idx = idx.tolist()
labels = [label_map[i] for i in idx]
results.extend(labels)
return results

data = ['这个商品虽然看着样式挺好看的,但是不耐用.',
        '这个老师讲课水平挺高的.']
label_map = {0: '负向情绪', 1: '正向情绪'}
predictions = predict(model, data, tokenizer, label_map,
                      batch_size=32)
for idx, text in enumerate(data):
  print('预测文本: {} \n情绪标签: {}'.format(text, predictions[idx]))
# 预测结果输出如图 7-28 所示
```

预测文本：这个商品虽然看着样式挺好看的，但是不耐用。
情绪标签：负向情绪
预测文本：这个老师讲课水平挺高的。
情绪标签：正向情绪

图 7-28　模型预测结果输出

参考文献

[1] Simonyan K,Zisserman A. Very Deep Convolutional Networks for Large-Scale Image Recognition[J]. Computer Science,2014.

[2] He K,Zhang X,Ren S,et al. Deep Residual Learning for Image Recognition[J]. IEEE,2016.

[3] Hochreiter S, Schmidhuber J. Long Short-Term Memory[J]. Neural Computation, 1997, 9(8): 1735-1780.

[4] Vaswani A,Shazeer N,Parmar N,et al. Attention Is All You Need[J]. arXiv,2017.

[5] Cho K, Merrienboer B V, Gulcehre C, et al. Learning Phrase Representations using RNN Encoder-Decoder for Statistical Machine Translation[J]. Computer Science,2014.

[6] Devlin J, Chang M W, Lee K, et al. BERT: Pre-training of Deep Bidirectional Transformers for Language Understanding[J]. 2018.

[7] Related S,Related S. Gradient-based learning applied to document recognition[61].

[8] Howard A G,Zhu M,Chen B,et al. MobileNets: Efficient Convolutional Neural Networks for Mobile Vision Applications[J]. 2017.

[9] https://www. paddlepaddle. org. cn/